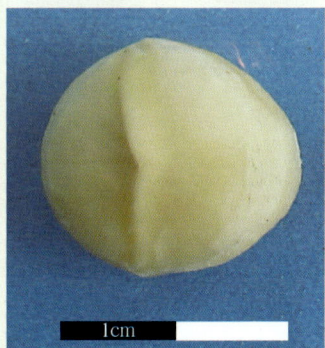

图版 1　澳洲坚果品种 246 特征图

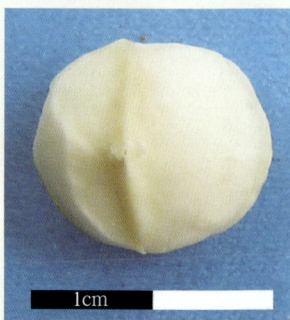

图版 2　澳洲坚果品种 508 特征图

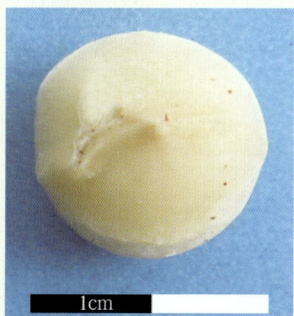

图版3　澳洲坚果品种333特征图

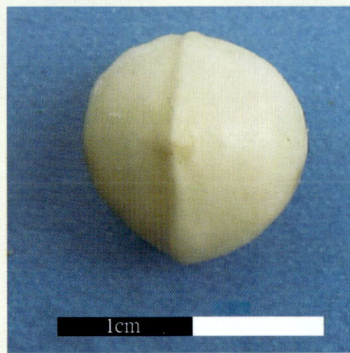

图版 4　澳洲坚果品种660特征图

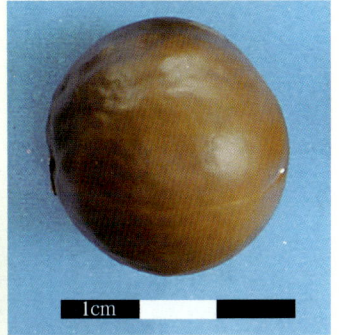

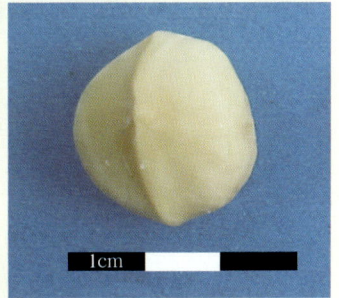

图版 5　澳洲坚果品种 344 特征图

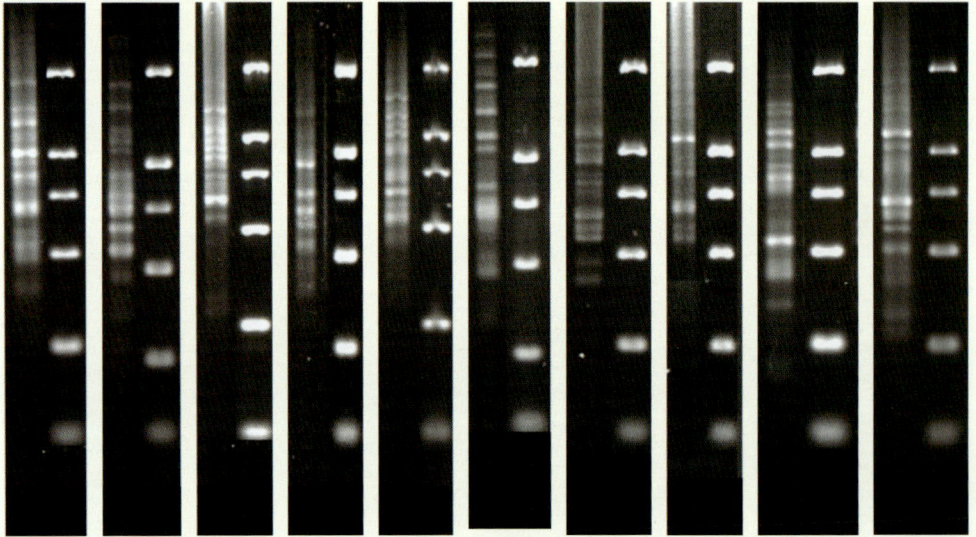

814 M 815 M 817 M 822 M 823 M 824 M 825 M 828 M 834 M 835 M

澳洲坚果品种344部分

ISSR反应体系为：总反应体积为25μL，包括2.5μL 10×PCR buffer，*Taq* DNA聚合酶1U，模板DNA 20ng，dNTPs 0.15mmol/L，引物0.25μmol/L，Mg^{2+}2.5mmol/L，可加入0.4%甲酰胺以减轻背景干扰。PCR扩增程序为：94℃预变性5min；94℃变性30s，复性1min，72℃延伸2min，35个循环；72℃延伸7min。4℃保存。

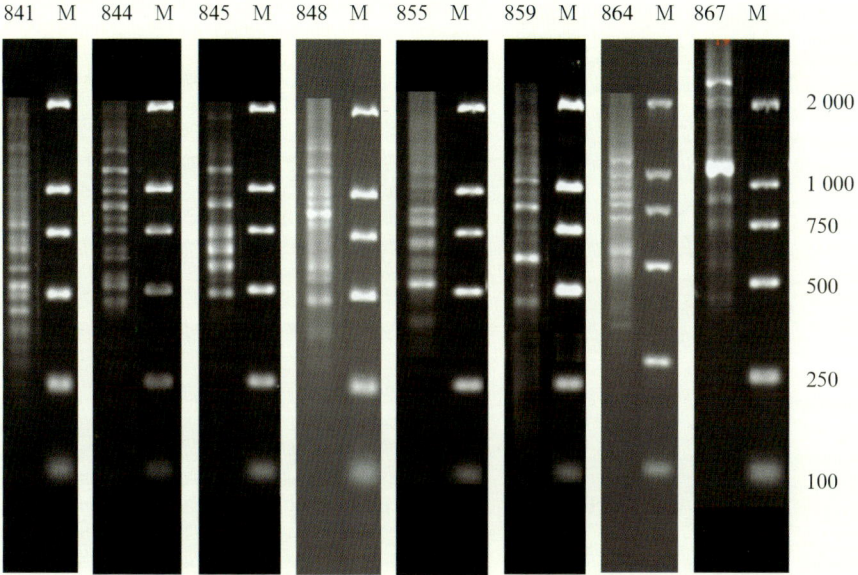

ISSR 引物的扩增结果

附表1 供试ISSR引物序列

引物编号	序列 (5'to3')	引物编号	序列 (5'to3')	引物编号	序列 (5'to3')	引物编号	序列 (5'to3')
814	$(CT)_8A$	824	$(TC)_8G$	841	$(GA)_8YC$	859	$(TG)_8RC$
815	$(CT)_8G$	825	$(AC)_8T$	844	$(CT)_8RC$	864	$(ATG)_6$
817	$(CA)_8A$	828	$(TG)_8A$	845	$(CT)_8RG$	867	$(GGC)_6$
822	$(TC)_8A$	834	$(AG)_8YT$	848	$(CA)_8RG$		
823	$(TC)_8C$	835	$(AG)_8YC$	855	$(AC)_8YT$		

注：R = (A,G)；Y = (C,T)。

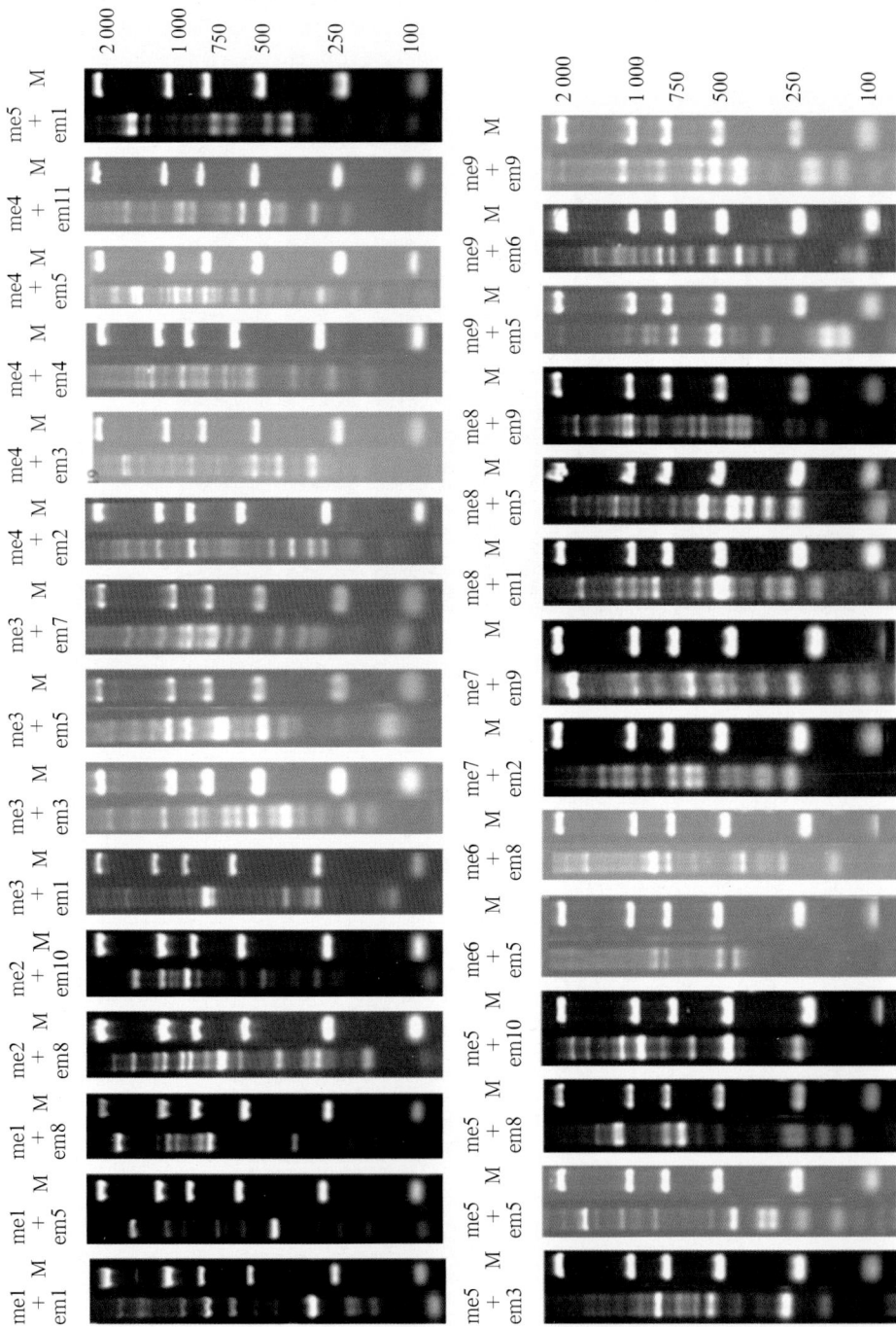

澳洲坚果品种344部分SRAP引物的扩增结果

SRAP反应体系为：总反应体积为25μL，包括2.5μL 10×PCR buffer，*Taq* DNA聚合酶1U，模板DNA 40ng，dNTPs 0.2mmol/L，引物0.2μmol/L，Mg^{2+}3.0mmol/L。PCR扩增程序为：94℃预变性5min；94℃变性1min，35℃复性1min，72℃延伸90s，5个循环；94℃变性1min，50℃复性1min，72℃延伸90s，35个循环；72℃延伸8min。4℃保存。

附表2　供试SRAP引物序列

编号	正向引物	编号	反向引物
me1	5'-TGAGTCCAAACCGGATA-3'	em1	5'-GACTGCGTACGAATTAAT-3'
me2	5'-TGAGTCCAAACCGGAGC-3'	em2	5'-GACTGCGTACGAATTTGC-3'
me3	5'-TGAGTCCAAACCGGAAT-3'	em3	5'-GACTGCGTACGAATTGAC-3'
me4	5'-TGAGTCCAAACCGGACC-3'	em4	5'-GACTGCGTACGAATTTGA-3'
me5	5'-TGAGTCCAAACCGGAAG-3'	em5	5'-GACTGCGTACGAATTAAC-3'
me6	5'-TGAGTCCAAACCGGTAA-3'	em6	5'-GACTGCGTACGAATTGCA-3'
me7	5'-TGAGTCCAAACCGGTCC-3'	em7	5'-GACTGCGTACGAATTCAA-3'
me8	5'-TGAGTCCAAACCGGTGC-3'	em8	5'-GACTGCGTACGAATTCTG-3'
me9	5'-TGAGTCCAAACCGGTAG-3'	em9	5'-GACTGCGTACGAATTCGA-3'
		em10	5'-GACTGCGTACGAATTCAG-3'
		em11	5'-GACTGCGTACGAATTCCA-3'

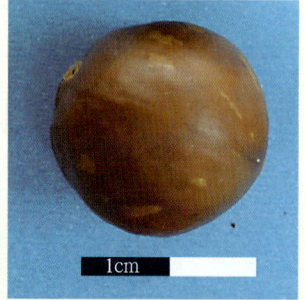

图版6　澳洲坚果品种741特征图

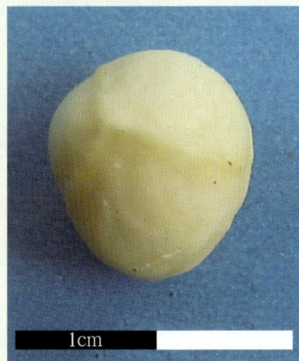

图版 7　澳洲坚果品种 800 特征图

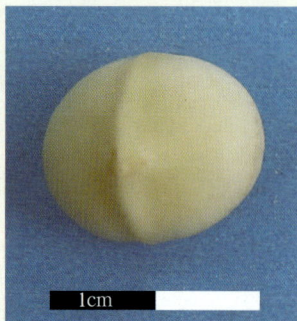

图版8 澳洲坚果品种788特征图

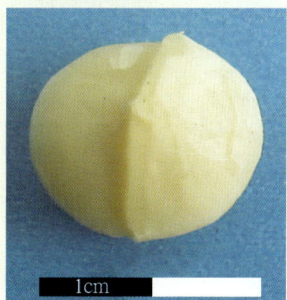

图版9　澳洲坚果品种294特征图

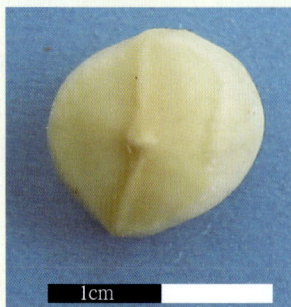

图版10 澳洲坚果品种695特征图

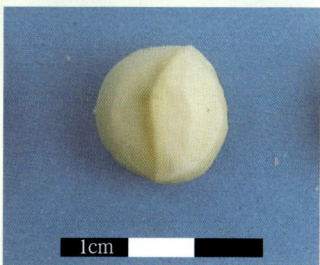

图版 11　澳洲坚果品种 OC 特征图

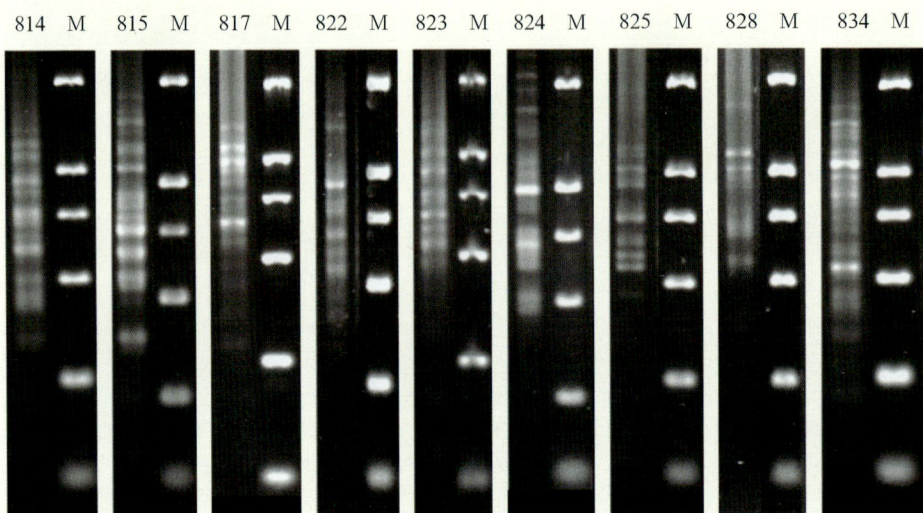

| 814 | M | 815 | M | 817 | M | 822 | M | 823 | M | 824 | M | 825 | M | 828 | M | 834 | M |

澳洲坚果品种OC

　　ISSR反应体系为：总反应体积为25μL，包括2.5μL 10×PCR buffer，*Taq* DNA聚合酶1U，模板DNA 20ng，dNTPs 0.15mmol/L，引物0.25μmol/L，Mg^{2+} 2.5mmol/L，可加入0.4%甲酰胺以减轻背景干扰。PCR扩增程序为：94℃预变性5min；94℃变性30s，复性1min，72℃延伸2min，35个循环；72℃延伸7min。4℃保存。

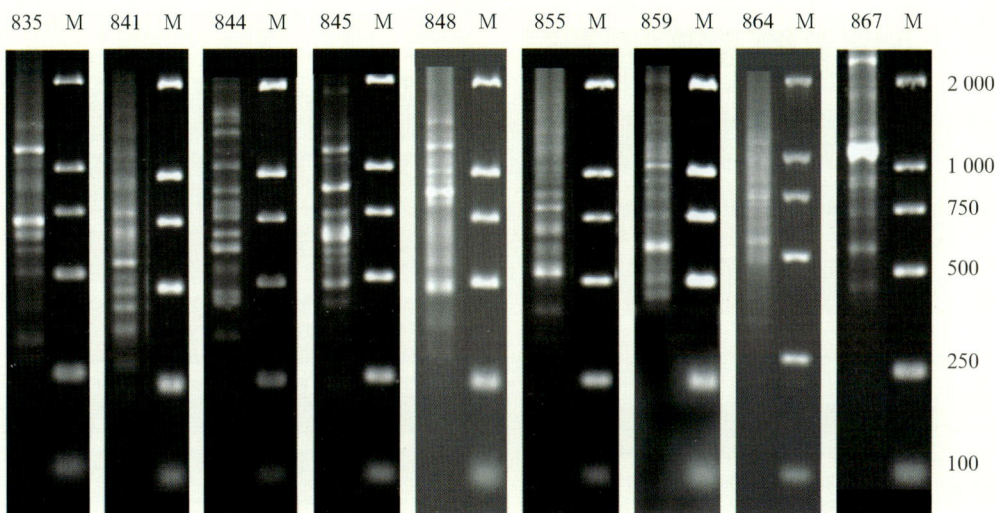

部分ISSR引物的扩增结果

附表1　供试ISSR引物序列

引物编号	序列(5'to3')	引物编号	序列(5'to3')	引物编号	序列(5'to3')	引物编号	序列(5'to3')
814	$(CT)_8A$	824	$(TC)_8G$	841	$(GA)_8YC$	859	$(TG)_8RC$
815	$(CT)_8G$	825	$(AC)_8T$	844	$(CT)_8RC$	864	$(ATG)_6$
817	$(CA)_8A$	828	$(TG)_8A$	845	$(CT)_8RG$	867	$(GGC)_6$
822	$(TC)_8A$	834	$(AG)_8YT$	848	$(CA)_8RG$		
823	$(TC)_8C$	835	$(AG)_8YC$	855	$(AC)_8YT$		

注: R = (A,G); Y = (C,T)。

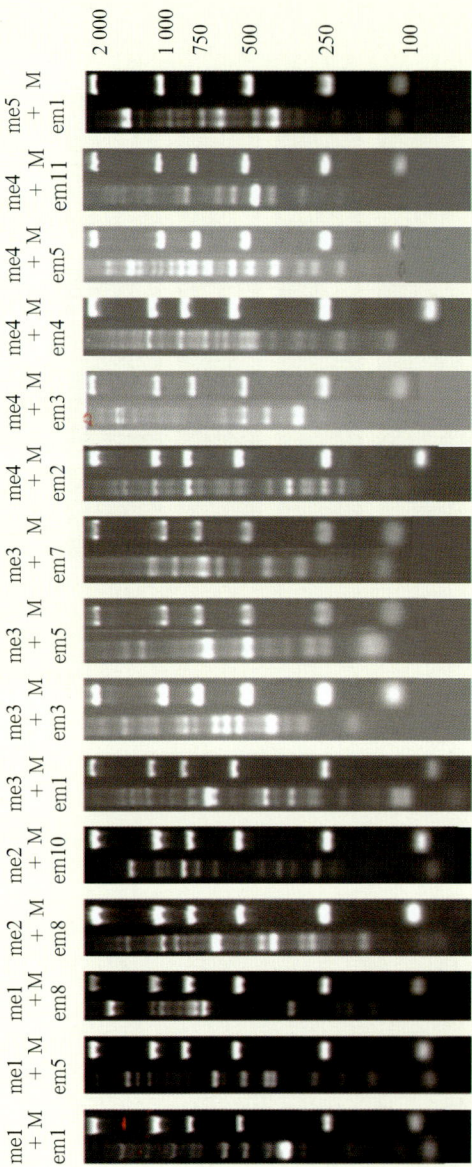

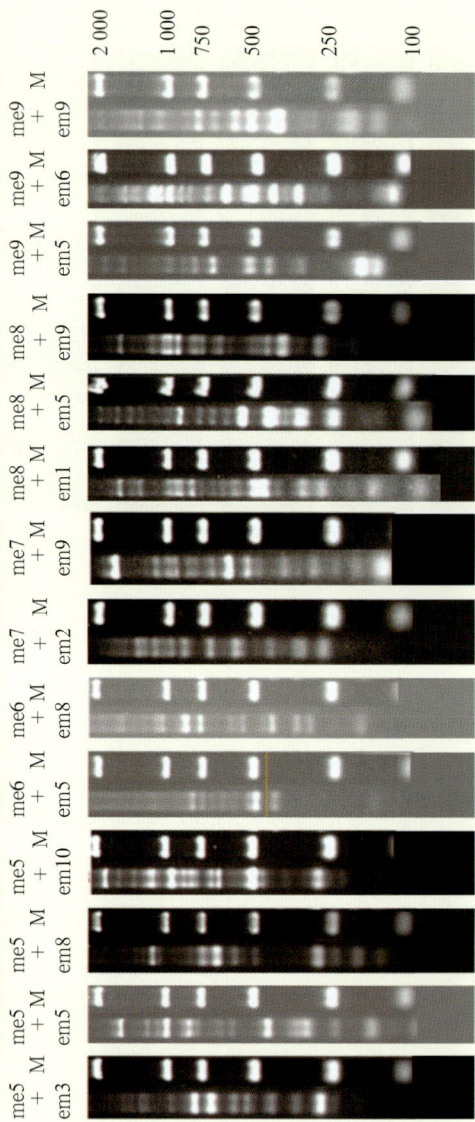

澳洲坚果品种和OC部分SRAP引物的扩增结果

SRAP反应体系为：总反应体积为25μL，包括2.5μL 10×PCR buffer，*Taq* DNA聚合酶1U，模板DNA 40ng，dNTPs 0.2mmol/L，引物0.2μmol/L，Mg^{2+}3.0mmol/L。PCR扩增程序为：94℃预变性5min；94℃变性1min，35℃复性1min，72℃延伸90s，5个循环；94℃变性1min，50℃复性1min，72℃延伸90s，35个循环；72℃延伸8min。4℃保存。

附表2　供试SRAP引物序列

编号	正向引物	编号	反向引物
me1	5'-TGAGTCCAAACCGGATA-3'	em1	5'-GACTGCGTACGAATTAAT-3'
me2	5'-TGAGTCCAAACCGGAGC-3'	em2	5'-GACTGCGTACGAATTTGC-3'
me3	5'-TGAGTCCAAACCGGAAT-3'	em3	5'-GACTGCGTACGAATTGAC-3'
me4	5'-TGAGTCCAAACCGGACC-3'	em4	5'-GACTGCGTACGAATTTGA-3'
me5	5'-TGAGTCCAAACCGGAAG-3'	em5	5'-GACTGCGTACGAATTAAC-3'
me6	5'-TGAGTCCAAACCGGTAA-3'	em6	5'-GACTGCGTACGAATTGCA-3'
me7	5'-TGAGTCCAAACCGGTCC-3'	em7	5'-GACTGCGTACGAATTCAA-3'
me8	5'-TGAGTCCAAACCGGTGC-3'	em8	5'-GACTGCGTACGAATTCTG-3'
me9	5'-TGAGTCCAAACCGGTAG-3'	em9	5'-GACTGCGTACGAATTCGA-3'
		em10	5'-GACTGCGTACGAATTCAG-3'
		em11	5'-GACTGCGTACGAATTCCA-3'

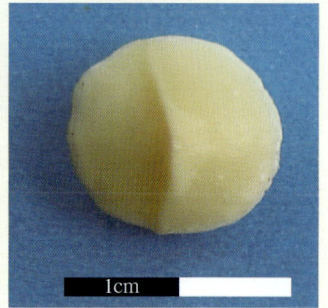

图版12 澳洲坚果品种H2特征图

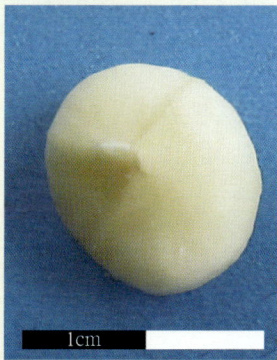

图版 13　澳洲坚果品种 A4 特征图

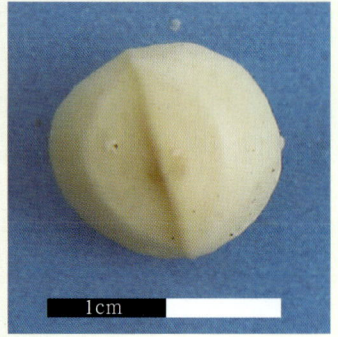

图版14　澳洲坚果品种A16特征图

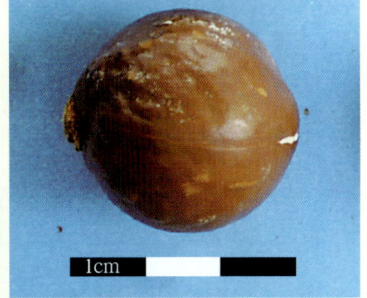

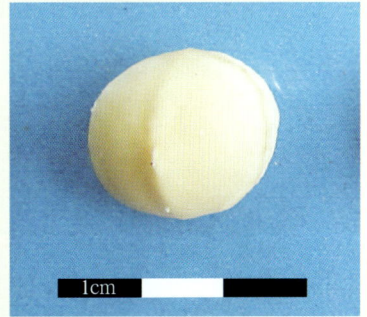

图版15　澳洲坚果品种南亚1号特征图

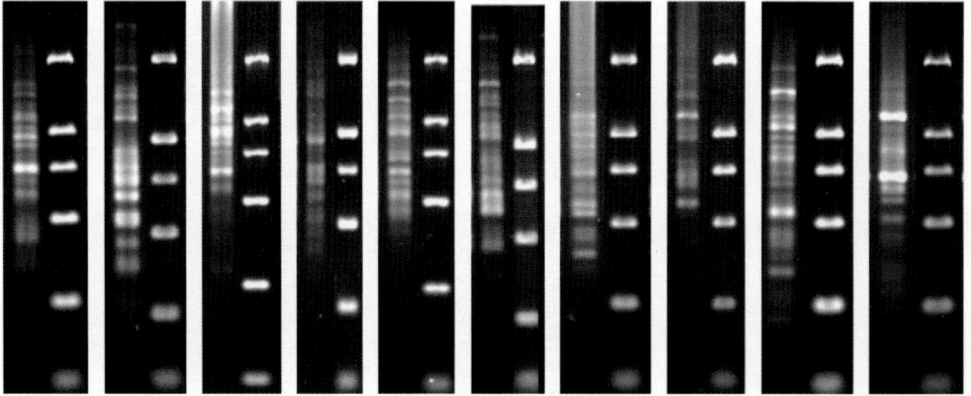

澳洲坚果品种南亚1号

ISSR反应体系为：总反应体积为25μL，包括2.5μL 10×PCR buffer，*Taq* DNA聚合酶1U，模板DNA 20ng，dNTPs 0.15mmol/L，引物0.25μmol/L，Mg^{2+}2.5mmol/L，可加入0.4%甲酰胺以减轻背景干扰。PCR扩增程序为：94℃预变性5min；94℃变性30s，复性1min，72℃延伸2min，35个循环；72℃延伸7min。4℃保存。

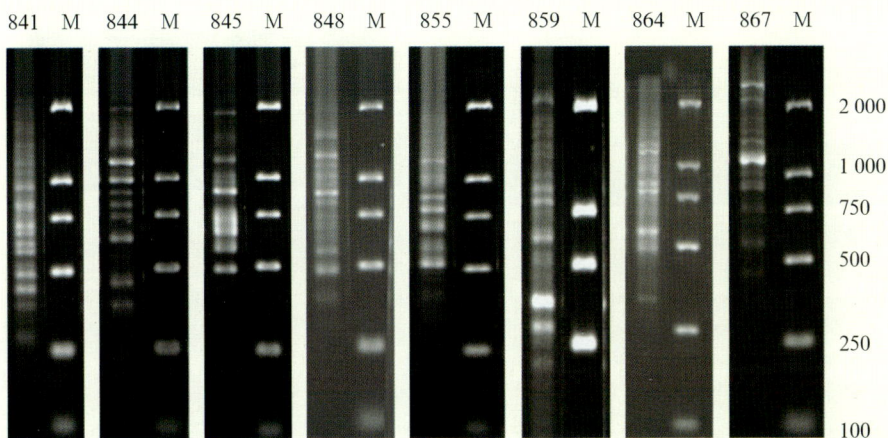

841 M 844 M 845 M 848 M 855 M 859 M 864 M 867 M

2 000
1 000
750
500
250
100

部分 ISSR 引物的扩增结果

附表1 供试ISSR引物序列

引物编号	序列 (5'to3')	引物编号	序列 (5'to3')	引物编号	序列 (5'to3')	引物编号	序列 (5'to3')
814	$(CT)_8A$	824	$(TC)_8G$	841	$(GA)_8YC$	859	$(TG)_8RC$
815	$(CT)_8G$	825	$(AC)_8T$	844	$(CT)_8RC$	864	$(ATG)_6$
817	$(CA)_8A$	828	$(TG)_8A$	845	$(CT)_8RG$	867	$(GGC)_6$
822	$(TC)_8A$	834	$(AG)_8YT$	848	$(CA)_8RG$		
823	$(TC)_8C$	835	$(AG)_8YC$	855	$(AC)_8YT$		

注：R = (A,G)；Y = (C,T)。

澳洲坚果品种南亚 1 号部分 SRAP 引物的扩增结果

SRAP反应体系为：总反应体积为25μL，包括2.5μL 10×PCR buffer，*Taq* DNA聚合酶1U，模板DNA 40ng，dNTPs 0.2mmol/L，引物0.2μmol/L，Mg^{2+}3.0mmol/L。PCR扩增程序为：94℃预变性5min；94℃变性1min，35℃复性1min，72℃延伸90s，5个循环；94℃变性1min，50℃复性1min，72℃延伸90s，35个循环；72℃延伸8min。4℃保存。

附表2　供试SRAP引物序列

编号	正向引物	编号	反向引物
me1	5'-TGAGTCCAAACCGGATA-3'	em1	5'-GACTGCGTACGAATTAAT-3'
me2	5'-TGAGTCCAAACCGGAGC-3'	em2	5'-GACTGCGTACGAATTTGC-3'
me3	5'-TGAGTCCAAACCGGAAT-3'	em3	5'-GACTGCGTACGAATTGAC-3'
me4	5'-TGAGTCCAAACCGGACC-3'	em4	5'-GACTGCGTACGAATTTGA-3'
me5	5'-TGAGTCCAAACCGGAAG-3'	em5	5'-GACTGCGTACGAATTAAC-3'
me6	5'-TGAGTCCAAACCGGTAA-3'	em6	5'-GACTGCGTACGAATTGCA-3'
me7	5'-TGAGTCCAAACCGGTCC-3'	em7	5'-GACTGCGTACGAATTCAA-3'
me8	5'-TGAGTCCAAACCGGTGC-3'	em8	5'-GACTGCGTACGAATTCTG-3'
me9	5'-TGAGTCCAAACCGGTAG-3'	em9	5'-GACTGCGTACGAATTCGA-3'
		em10	5'-GACTGCGTACGAATTCAG-3'
		em11	5'-GACTGCGTACGAATTCCA-3'

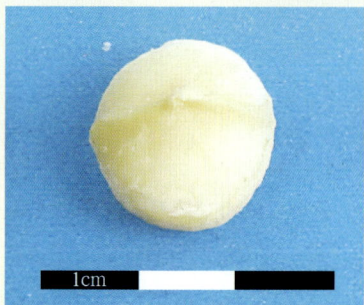

图版16　澳洲坚果品种南亚2号特征图

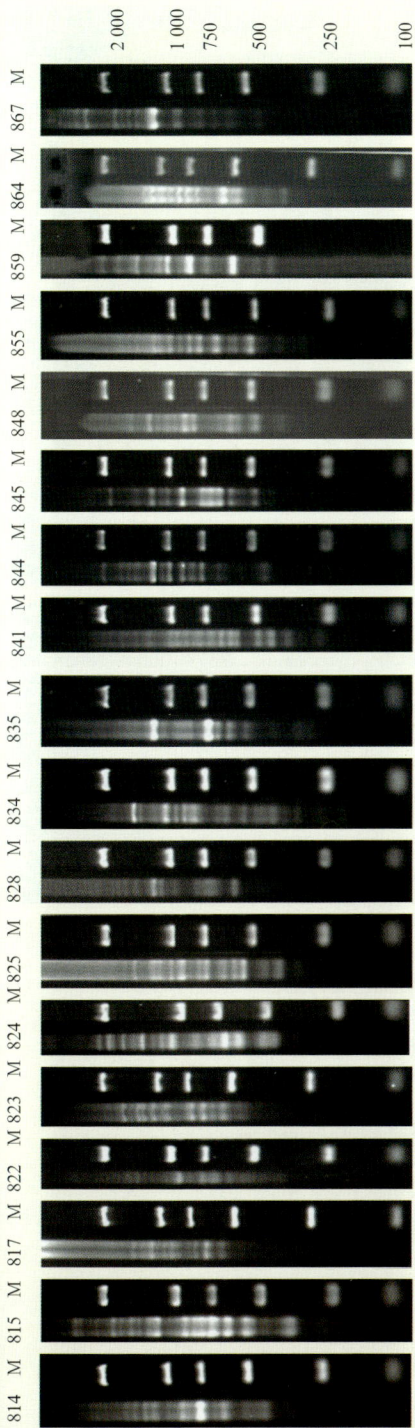

澳洲坚果品种南亚2号部分ISSR引物的扩增结果

(ISSR反应体系为：总反应体积为25μL，包括2.5μL 10×PCR buffer，Taq DNA聚合酶1U，模板DNA 20ng，dNTPs 0.15mmol/L，引物0.25μmol/L，Mg^{2+} 2.5mmol/L，可加入0.4%甲酰胺以减轻背景干扰。PCR扩增程序为：94℃预变性5min，94℃变性30s，复性1min，72℃延伸2min，35个循环，72℃延伸7min，4℃保存)

附表1 供试ISSR引物序列

引物编号	序列 (5'to3')	引物编号	序列 (5'to3')	引物编号	序列 (5'to3')	引物编号	序列 (5'to3')
814	$(CT)_8A$	824	$(TC)_8G$	841	$(GA)_8YC$	859	$(TG)_8RC$
815	$(CT)_8G$	825	$(AC)_8T$	844	$(CT)_8RC$	864	$(ATG)_6$
817	$(CA)_8A$	828	$(TG)_8A$	845	$(CT)_8RG$	867	$(GGC)_6$
822	$(TC)_8A$	834	$(AG)_8YT$	848	$(CA)_8RG$		
823	$(TC)_8C$	835	$(AG)_8YC$	855	$(AC)_8YT$		

注：R = (A,G)，Y = (C,T)。

澳洲坚果品种南亚 2 号部分 SRAP 引物的扩增结果

SRAP反应体系为：总反应体积为25μL，包括2.5μL 10×PCR buffer，*Taq*DNA聚合酶1U，模板DNA 40ng，dNTPs 0.2mmol/L，引物0.2μmol/L，Mg^{2+}3.0mmol/L。PCR扩增程序为：94℃预变性5min；94℃变性1min，35℃复性1min，72℃延伸90s，5个循环；94℃变性1min，50℃复性1min，72℃延伸90s，35个循环；72℃延伸8min。4℃保存。

附表2　供试SRAP引物序列

编号	正向引物	编号	反向引物
me1	5'-TGAGTCCAAACCGGATA-3'	em1	5'-GACTGCGTACGAATTAAT-3'
me2	5'-TGAGTCCAAACCGGAGC-3'	em2	5'-GACTGCGTACGAATTTGC-3'
me3	5'-TGAGTCCAAACCGGAAT-3'	em3	5'-GACTGCGTACGAATTGAC-3'
me4	5'-TGAGTCCAAACCGGACC-3'	em4	5'-GACTGCGTACGAATTTGA-3'
me5	5'-TGAGTCCAAACCGGAAG-3'	em5	5'-GACTGCGTACGAATTAAC-3'
me6	5'-TGAGTCCAAACCGGTAA-3'	em6	5'-GACTGCGTACGAATTGCA-3'
me7	5'-TGAGTCCAAACCGGTCC-3'	em7	5'-GACTGCGTACGAATTCAA-3'
me8	5'-TGAGTCCAAACCGGTGC-3'	em8	5'-GACTGCGTACGAATTCTG-3'
me9	5'-TGAGTCCAAACCGGTAG-3'	em9	5'-GACTGCGTACGAATTCGA-3'
		em10	5'-GACTGCGTACGAATTCAG-3'
		em11	5'-GACTGCGTACGAATTCCA-3'

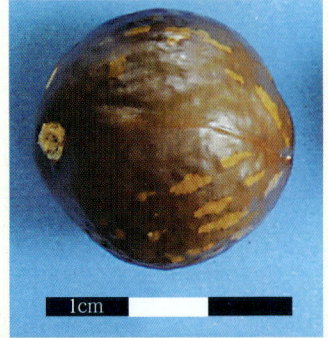

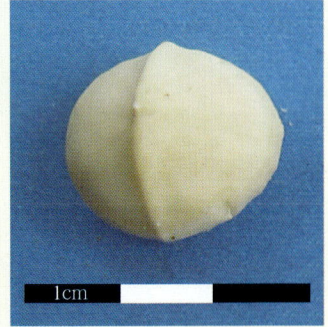

图版 17　澳洲坚果品种南亚 3 号特征图

图版18 澳洲坚果品种南亚12特征图

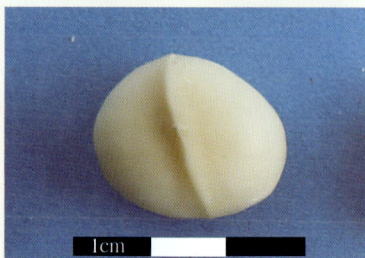

图版19　澳洲坚果品种南亚116特征图

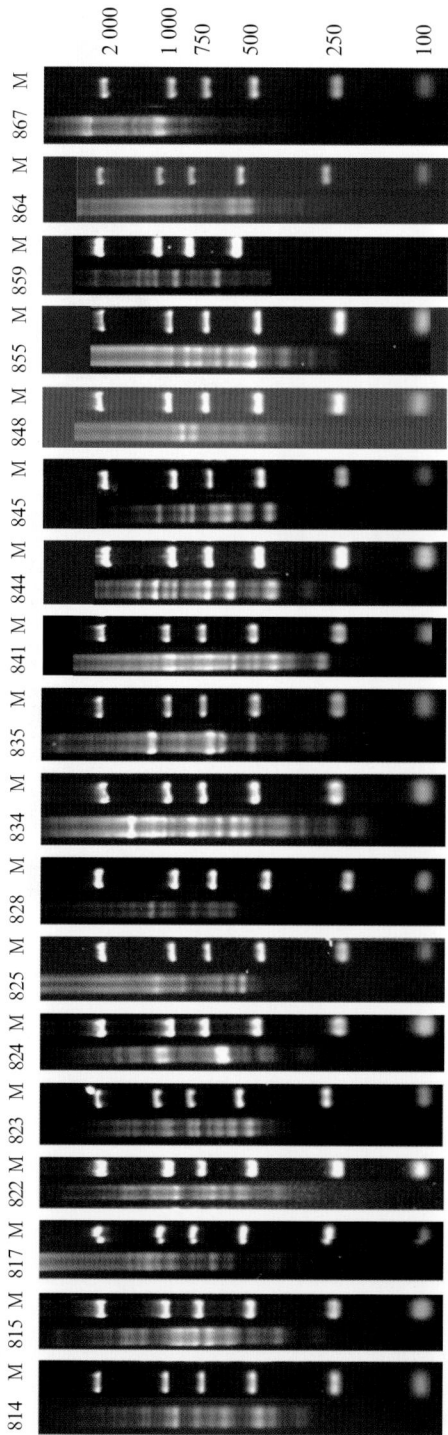

澳洲坚果品种南亚2号部分ISSR引物的扩增结果

(ISSR反应体系为：总反应体积为25μL，包括2.5μL 10×PCR buffer，Taq DNA聚合酶1U，模板DNA 20ng，dNTPs 0.15mmol/L，引物0.25μmol/L，Mg²⁺ 2.5mmol/L，可加入0.4%甲酰胺以减轻背景干扰。PCR扩增程序为：94℃预变性5min，94℃变性30s，复性1min，72℃延伸2min，35个循环，72℃延伸7min。4℃保存)

附表1　供试ISSR引物序列

引物编号	序列(5'to3')	引物编号	序列(5'to3')	引物编号	序列(5'to3')	引物编号	序列(5'to3')
814	$(CT)_8A$	824	$(TC)_8G$	841	$(GA)_8YC$	859	$(TG)_8RC$
815	$(CT)_8G$	825	$(AC)_8T$	844	$(CT)_8RC$	864	$(ATG)_6$
817	$(CA)_8A$	828	$(TG)_8A$	845	$(CT)_8RG$	867	$(GGC)_6$
822	$(TC)_8A$	834	$(AG)_8YT$	848	$(CA)_8RG$		
823	$(TC)_8C$	835	$(AG)_8YC$	855	$(AC)_8YT$		

注：R = (A,G)，Y = (C,T)。

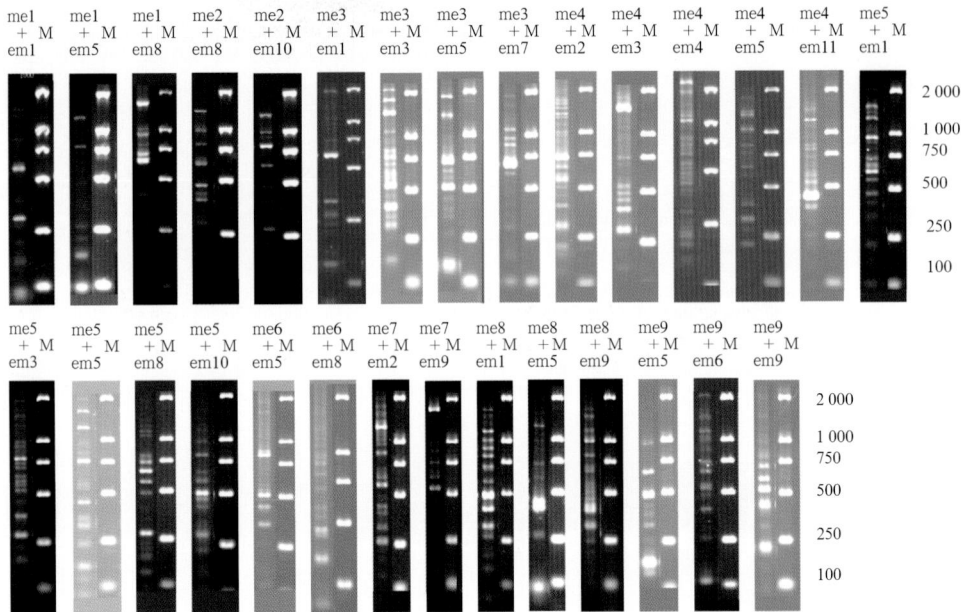

澳洲坚果品种南亚116部分SRAP引物的扩增结果

（SRAP反应体系为：总反应体积为25μL，包括2.5μL 10×PCR buffer，Taq DNA聚合酶1U，模板DNA 40ng，dNTPs 0.2mmol/L，引物0.2μmol/L，Mg2+3.0mmol/L。PCR扩增程序为：94℃预变性5min；94℃变性1min，35℃复性1min，72℃延伸90s，5个循环；94℃变性1min，50℃复性1min，72℃延伸90s，35个循环；72℃延伸8min。4℃保存）

附表2　供试SRAP引物序列

编号	正向引物	编号	反向引物
me1	5'-TGAGTCCAAACCGGATA-3'	em1	5'-GACTGCGTACGAATTAAT-3'
me2	5'-TGAGTCCAAACCGGAGC-3'	em2	5'-GACTGCGTACGAATTTGC-3'
me3	5'-TGAGTCCAAACCGGAAT-3'	em3	5'-GACTGCGTACGAATTGAC-3'
me4	5'-TGAGTCCAAACCGGACC-3'	em4	5'-GACTGCGTACGAATTTGA-3'
me5	5'-TGAGTCCAAACCGGAAG-3'	em5	5'-GACTGCGTACGAATTAAC-3'
me6	5'-TGAGTCCAAACCGGTAA-3'	em6	5'-GACTGCGTACGAATTGCA-3'
me7	5'-TGAGTCCAAACCGGTCC-3'	em7	5'-GACTGCGTACGAATTCAA-3'
me8	5'-TGAGTCCAAACCGGTGC-3'	em8	5'-GACTGCGTACGAATTCTG-3'
me9	5'-TGAGTCCAAACCGGTAG-3'	em9	5'-GACTGCGTACGAATTCGA-3'
		em10	5'-GACTGCGTACGAATTCAG-3'
		em11	5'-GACTGCGTACGAATTCCA-3'

澳洲坚果种植者手册

邹明宏　杜丽清　主编

中国农业出版社

本书资助出版项目：国家热带果树种质资源平台运行服务项目（项目编号：NICGR 2018-95）

热带果树种质资源收集、鉴定、编目、繁殖更新与保存分发利用专项

农业部热带果树种质资源圃运行费专项

中国热带农业科学院南亚热带作物研究所中央级公益性科研院所基本科研业务专项资助项目（项目编号：1630062016001、1630062017012）

中央级公益性科研院所基本科研业务费专项：中国热带农业科学院院级创新团队项目（项目编号：17CXTD-13）

前　言

　　澳洲坚果原产于澳大利亚，1979 年中国热带农业科学院南亚热带作物研究所首次以产业化生产为目的把澳洲坚果引入我国，至今已近 40 年。40 年来，我国澳洲坚果产业从无到有、逐渐壮大，目前栽培面积已逾 17 万 hm^2，位居世界第一。目前，我国已成为世界上最大的澳洲坚果生产国，这与广大澳洲坚果科研人员，种植业主，生产、加工、流通和销售企业等产业链相关工作者的辛劳和汗水有着密切关联。

　　但澳洲坚果产业发展还存在一些不足。首先从产量来看，2016 年我国澳洲坚果带壳果总产量 1.23 万 t，仅占全球总产量（17.5 万 t）的 7%，与澳大利亚、南非、肯尼亚、美国等主要澳洲坚果生产国还有较大差距。其次，近 40 年来，我国虽然在澳洲坚果产业方面的科研工作取得了长足进步，在资源评价、品种选育、高效栽培等方面取得一些重要成果，但这些成果在生产上的应用还十分有限，这也是我国澳洲坚果产业效益较低的重要原因。有鉴于此，编者把我国澳洲坚果科研工作的一些重要成果进行梳理、汇总，希望从资源鉴评、品种特征、栽培技术等方面给广大种植者予以指导；为提高我国澳洲坚果产业标准化生产水平、增强标准意识，本书把中国热带农业科学院南亚热带作物研究所制定的部分农业行业标准进行汇总，以方便大家在实践中应用；也希望本书能对科研人员具有一些参考价值，并在普及澳洲坚果知识方面产生积极作用。

由于编者水平有限，时间比较仓促，书中难免有疏漏之处，敬请读者批评和指正。

目 录

第一章　澳洲坚果的栽培意义

澳洲坚果（*Macadamia* spp.），又称夏威夷果、澳洲核桃、昆士兰坚果，属山龙眼科（Proteaceae）澳洲坚果属（*Macadamia*）常绿乔木果树，原产于澳大利亚昆士兰州东南部和新南威尔州北部、南纬 25°～31°的沿海亚热带雨林。

澳洲坚果属植物有 22 个种，可食用、有栽培价值的仅有 2 个种，即光壳种澳洲坚果（*M. integrifolia*）和粗壳种澳洲坚果（*M. tetraphylla*）。粗壳种种仁率和含油量都低于光壳种，产品质地和风味也比不上光壳种，且加工产品易变成褐色，但含糖量高于光壳种。因此，目前所推荐种植的优良品种均属于光壳种。粗壳种可作观赏或绿化树种，也可作为光壳种嫁接的砧木。

澳洲坚果果皮青绿色，内果皮坚硬，呈褐色，种子球形，乳白色，直径 1.2～3 cm，单果重 15～16 g，含油达 60%～80%，含蛋白质和糖类各约 9%，包括人体必需的 8 种氨基酸在内的 17 种氨基酸以及相当丰富的钙、磷、铁和维生素 B_1、维生素 B_2。澳洲坚果果仁香酥滑嫩可口，有独特的奶油香味，并广泛用作菜肴、饼食、面包、糕点、糖果、巧克力、冰激凌等食物的配料及食用油、化妆品等的加工原材料。近年来澳洲坚果风靡全球，成为国际市场上较受欢迎的高级坚果之一。此外，澳洲坚果的副产品也有多种用途，果皮中含有 14%适于生产鞣皮的鞣质，并含 8%～10%的蛋白质，粉碎后可混做家畜饲料；果壳可制作活性炭或作为燃料，也可粉碎作为塑料制品的填充料，目前这些副产品仅被广泛用作澳洲坚果树下的覆盖物或育苗的培养基料。

澳洲坚果树形优美，枝叶稠密，花美丽而芳香，木材坚实细密，且耐粗放，抗病虫，是一种优良的园林绿化和用材树种。

第二章　澳洲坚果的栽培历史和分布

第一节　澳洲坚果的发现与栽培历史

澳洲坚果最早于 1828 年被澳大利亚探险家在热带雨林中发现，里希哈特（Friedrich Wilhelm Ludwig Leichhardt，1813—1848）于 1843 年首次采集到澳洲坚果属的标本，保存在墨尔本植物园的标本室中，但并没有描述。1857 年初，澳大利亚著名植物学家穆勒（Baron Sir Ferdinand Jakob Heinrich Von Mueller，1825—1896。1857 年任墨尔本植物园园长；1861 年任伦敦皇家学会会士，并获得皇家奖章）和植物学家希尔（Walter Hill，1820—1904。布里斯班植物园的首任园长），在昆士兰莫尔顿湾（Moreton Bay）派因河（Pine River）附近的丛生灌木林中发现了澳洲坚果属植物，1858 年穆勒把它命名为三叶澳洲坚果（*Macadamia ternifolia* F. Mueller），也同时建立了澳洲坚果属这个特有属。

1858 年，希尔在布里斯班河岸首次成功地进行澳洲坚果的人工种植。1888 年前后，斯塔夫（Charles Staff）在新南威尔士州利士莫（Lismore）附近的 Rous Mill 建立起了 1.2 hm^2 世界上第一个商业性澳洲坚果园。

1880 年美国加州大学从澳大利亚引入澳洲坚果，作为观赏树在校内栽种。澳洲坚果早期引入夏威夷主要有三次活动：1881 年普尔维斯（William Herbert Purvis，1858—1952）将它第一次引入夏威夷；1892 年乔丹兄弟（Robert Alfred Jordan，1842—1925；Edward Walter Jordan，1850—1925）重新引入；1891—1895 年夏威夷农业土地委员会（the Territorial Board of Agriculture）再次引入。1922 年试图作为商业化栽培，但未成功；1934 年，美国夏威夷大学热带农业与人类资源学院（CTAHR）农业试验站（HAES）的 J. H. Beaumount 和 R. H. Moltzau 启动澳洲坚果品种选育计划，1948 年 W. Storey 从 20 000 株实生结果树中选育出 5 个澳洲坚果品种。到 1990 年，CTAHR 已从 120 000 株实生树的初选编号植株中选育命名 14 个品种。

1937 年，W. W. Jones 和 J. H. Beaumont 在《科学》杂志上报告澳洲坚果枝条中营养的积累方式，为通过嫁接繁育优良品种打下基础。此后，夏威夷的澳洲坚果产业进入产业化发展轨道。至 1960 年，夏威夷的澳洲坚果种植面积约 1 000 hm²，年产带壳果约 1 300 t；直到 20 世纪 70 年代夏威夷一直是世界上最大的澳洲坚果生产地区；至 1980 年，种植面积 5 750 hm²，年产带壳果 1.53 万 t，占当年世界总产量的 90% 以上；至 2014 年，种植面积达 6 480 hm²，年产带壳果 1.81 万 t。

近年来，宜植地带的世界各国都在积极发展这一新兴果树。现在主产于美国、澳大利亚、南非、肯尼亚、哥斯达黎加、危地马拉、巴西等国，其他生产国有斐济、新西兰、马拉维、津巴布韦、坦桑尼亚、埃塞俄比亚、委内瑞拉、墨西哥、秘鲁、萨尔瓦多、牙买加、古巴、中国、越南、泰国、印度尼西亚、以色列等。

据国际坚果和干果委员会（International Nut and Dried Fruit Council，INC）2014—2015 年全球坚果和干果制品统计报告（表 2-1），2011—2014 年，世界澳洲坚果生产格局仍是澳大利亚、南非、美国、危地马拉、肯尼亚、马拉维六国垄断，六国的生产量占全球总产量 90% 以上，出口量占全球出口总产量的 53%～72%。2014 年澳大利亚带壳坚果总产量 43 600 t，果仁 14 100 t，预计 2015 年带壳果总产达 47 000 t（含水量 10%），果仁 15 199 t。在南非，澳洲坚果种植面积也仍不断增长，2012 年南非总面积为 17 821 hm²，2013 年达 18 000 hm²。

表 2-1 2011—2014 年世界澳洲坚果主产国的果仁生产量及进出口量（t）

国家	生产量				出口量			进口量		
	2011年	2012年	2013年	2014年	2011年	2012年	2013年	2011年	2012年	2013年
全球	29 265	42 150	37 951	44 000	36 193	34 096	20 360	30 264	27 719	20 359
澳大利亚	8 200	12 090	10 500	14 100	4 389	6 680	5 470	1 069	592	1 714
南非	8 514	9 520	10 187	13 146	13 060	11 197	6 339	699	896	103
美国	5 000	6 898	6 510	3 600	—	1 743	1 475	3 827	3 379	4 098
危地马拉	—	2 260	—	1 650	1 983	1 793	1 453	—	—	—
肯尼亚	2 400	6 123	4 940	5 448	—	—	—	—	—	—
马拉维	2 475	1 619	1 847	1 813	—	—	—	—	—	—
六国合计占全球量（%）	91	91	90	90	53	63	72	18	18	29

数据来源：国际坚果和干果委员会（International Nut and Dried Fruit Council，INC）2014—2015 年全球坚果和干果制品统计报告。

第二节 我国澳洲坚果产业的发展历程

我国自 20 世纪 80 年代后期开始商业性发展澳洲坚果，经过 30 多年的发展，目前全国澳洲坚果种植面积已超过 10 万 hm²，居世界第一位；但投产面积不多，2015 年总产量只有 1.4 万 t（带壳果）。

我国澳洲坚果的发展经历了以下四个阶段。

1 引种试种阶段（1910—1986 年）

我国最早引种澳洲坚果约在 1910 年，种植在台北植物园作为标本树；1931 年台湾嘉义农业试验站从夏威夷引入种子和实生苗 500 株试种，1954 年、1958 年又两次引入，并分发了少量供民间种植；1940 年，前岭南大学也从夏威夷引入少量种子种植实生苗于广州。但由于引入的实生树产量低，品质差异大，果仁率低，未形成商品性生产。

1979 年中国热带农业科学院南亚热带作物研究所（简称南亚所）开始进行澳洲坚果的引种试种研究。从此之后，我国澳洲坚果产业的发展才开始走上正轨。首次从澳大利亚引入 9 个品种的嫁接苗：246（Keauhou）、333（Ikaika）、344（Kau）、508（Kakea）、660（Keaau）、741（Mauka）、800（Makai）、H2（Hinde）、OC（Own Choice），共 1 353 株。除部分在隔离观察期间死亡外，中国热带农业科学院南亚热带作物研究所种植 520 株，余下部分送广西壮族自治区亚热带作物研究所、四川省凉山彝族自治州亚热带作物研究所、云南省热带作物研究所、云南省德宏热带农业科学研究所、广东省云浮市林业局等单位试种。

1988 年夏威夷大学教授 P.J 伊托又赠送 7 个品种给中国热带农业科学院南亚热带作物研究所：294（Purvis）、695（Beaumont）、788（Pahala）及 344、660、741、800 等品种的芽条，其中 4 个品种和从澳大利亚引入相同。

1992 年，中国热带农业科学院南亚热带作物研究所从澳大利亚堪培拉种质资源库引进种子 1 kg，育出 125 株。

1998 年，中国热带农业科学院南亚热带作物研究所孙光明研究员利用赴澳大利亚做访问学者机会，又从澳大利亚引进 Yonik、Cron Venture、Winks、814、NG18、783、DAD、922、842、B3/74 等 10 个品种芽条。

从 1979 年开始，中国热带农业科学院南亚热带作物研究所先后在所部、深圳光明农场、揭阳卅岭农场、揭阳市普宁县林业局林业科学研究所、普宁大池农场、普宁华侨农场、揭阳市惠来县科委四香农场、河源市东源县骆湖果场、惠州市博罗县下村农场、汕尾市陆河县林业科学研究所、英德市英红镇华侨农场、肇庆市鼎湖区水果示范场、茂名市生态农场布置了 15 个试种点。这些试种点由于大都地处台风区，除了中国热带农业科学院南亚热带作物研究所和揭阳卅岭农场外，其他试种点由于建设占用或台风破坏，至 1996 年基本毁坏，失去调查价值，广东省引种试种基本宣告失败。

广东省早期试种失败的教训得出重要结论：澳洲坚果不能在有台风危害的热区种植。

随后，中国热带农业科学院南亚热带作物研究所把发展重点向云南、广西两地转移。至 1994 年中国热带农业科学院南亚热带作物研究所的"澳洲坚果引种试种"研究成果通过农业部鉴定，于 1999 年该成果获农业部科技进步二等奖。"澳洲坚果引种试种研究"成果，解决了我国能够种植澳洲坚果这一基本问题，在一般管理条件下，定植后 4～5 年结果，第 13 年平均株产量 6 kg，产量达世界中等水平；果仁质量达到原产地澳大利亚优质果仁水平。

2　产业起步阶段（1987—2006 年）

这一阶段由于产业刚开始起步发展，技术储备不足，适种地区、种植品种、种苗繁育以及丰产栽培管理技术等基本问题都没有得到解决，因此产业发展速度缓慢，全国平均每年新增种植面积不超过 666.67 hm²，主要由企业和农户自发种植。云南省及各地出台了不少规划，但大多未能按计划组织落实，政府引导支持的作用不明显。

在此阶段，1994—2000 年云南出现了澳洲坚果产业第一次发展热潮，但由于品种和技术储备不足，加之产业链不完善，缺少加工企业，随后出现了一个停滞发展期（2000—2003 年）。已种植的果园投入少，管理粗放，果园产量低，效益不高，一些果园低价转卖甚至砍伐改种。

1987 年 9 月，广西国营华山农场在广西壮族自治区钦州市灵山县最早开始商业性种植澳洲坚果，先后从中国热带农业科学院南亚热带作物研究所引进 246、333、344、508、660、741、800、H2、OC 等 9 个品种苗木，种植了 18.87 hm²，是我国最早商业化种植的澳洲坚果园；至 1994 年种植面积达到 57.33 hm²。

1990 年 9 月，广西金光农场在广西壮族自治区崇左市扶绥县种植澳洲坚果 80 hm²，至 1998 年种植面积达166.67 hm²，现为广西扶绥夏果种植有限公司收购。

1988 年 8 月和 1991 年 7 月，云南省热区办公室和云南省农垦总局两次从中国热带农业科学院南亚热带作物研究所引进 H2、246、333、344、508、660、741、OC 等品种嫁接苗 2 100 株，坝洒农场、思茅热校、云南省热带作物科学研究所、勐养农场、黎明农工商公司、瑞丽热作公司、遮放农场、大渡岗茶厂、永德县热区办公室等单位试种。至 1997 年，勐养农场种植澳洲坚果62.76 hm²，勐养农场 130.3 hm²，云南省热带作物科学研究所种植 333.33 hm²。

1996 年 7 月，云南省德宏州澳洲坚果有限责任公司分别在云南省德宏傣族景颇族自治州盈江县太平基地、新城基地和莲花山基地分别种植澳洲坚果 80 hm²、66.67 hm² 和 33.33 hm²，合计 180 hm²；1997 年 7 月，又分别在德宏傣族景颇族自治州芒市法帕镇万段和铜壁关镇南凯山建立澳洲坚果种植基地 100 hm²。

1997—1998 年，云南省德宏傣族景颇族自治州潞西市芒市清塘河永成农庄种植澳洲坚果 46.67 hm²。

1980 年代初，我国广东、海南、云南、贵州、四川、福建等省及广西壮族自治区不少单位也开始引入优良品种试种，从而成为我国南方各省区 20 年来引种试种最热门的果树之一，局部地区进行大规模发展，但主要分布在云南省和广西壮族自治区。

3　产业稳步发展阶段（2007—2010 年）

2006 年后，以中国热带农业科学院南亚热带作物研究所"澳洲坚果国外 9 个主要品种的适应性及丰产栽培关键技术研究与示范推广"为代表的科研成果通过农业部成果鉴定（农科果鉴字［2007］第 015 号），育苗技术、栽培技术和品种选育等技术储备有了长足进步，产业链逐步完善，产业效益逐步凸显；同时，云南各地政府引导支持力度加大，主要通过苗木补贴的形式鼓励种植澳洲坚果。因此澳洲坚果产业发展速度加快，平均每年新增种植面积在666.67 hm² 以上，产业发展进入稳定发展阶段。

4　高速发展阶段（2011 年至今）

现在我国澳洲坚果种植面积正以平均每年超过 6 666.67 hm² 速度增长，迎来了 1994—2000 年第一次发展热潮后的第二次发展高潮。

云南省各地政府把澳洲坚果作为退耕还林和木本油料树种，通过退耕还林和苗木补贴，大力推进澳洲坚果产业发展；目前种植面积超过 6.67 万 hm^2；全省规划 26.67 万 hm^2。

广西和广东由于柑橘产业遭受黄龙病危害，荔枝、龙眼低产果园改造都把澳洲坚果作为替代作物；各地政府也加大推进澳洲坚果产业的发展力度。

贵州也开始规模化发展，全省短期规划为 6 666.67 hm^2，长期规划为 5.33 万 hm^2。

近年来，我国澳洲坚果产业发展迅猛，成为世界澳洲坚果产业发展最快的国家之一。据农业部发展南亚热带作物办公室统计，2016 年种植面积 16 万 hm^2，总产量 1.23 万 t，总产值 39 052 万元。种植面积位居世界第一，因大部分果园尚未投产，产量仅居世界第七。

第三节　澳洲坚果研究现状

我国从事澳洲坚果研究的单位主要有中国热带农业科学院南亚热带作物研究所、云南省热带作物科学研究所、广西壮族自治区亚热带作物研究所、广西南亚热带农业科学研究所和贵州省亚热带作物科学研究所等。研究的重点方向主要围绕产业发展需求、提升产业技术水平开展关键性应用技术研究。

1　种质资源研究

目前我国已经收集保存了比较丰富的澳洲坚果种质资源，已引进和收集澳洲坚果种质资源 200 多份，建立了"农业部景洪澳洲坚果种质资源圃"。中国热带农业科学院南亚热带作物研究所收集保存澳大利亚和夏威夷引进品种 50 多个，实选材料 100 余份，其中大部分在贵州省亚热带作物科学研究所都有备份；广西壮族自治区亚热带作物研究所收集保存国外引进品种 60 多个；云南省热带作物科学研究所收集保存国外引进品种 60 多个，是亚洲地区收集保存澳洲坚果种质资源最多的国家。

应用 AFLP、ISSR 和 SRAP 分子标记技术研究澳洲坚果的遗传多样性，结果表明我国所收集的澳洲坚果种质遗传基础较窄，大致可分为澳大利亚类群和夏威夷类群，研究结果可以为果园的品种搭配、品种鉴定、亲本选配以及后代的变异程度等提供理论依据。

2　新品种选育研究形成较好的基础

中国热带农业科学院南亚热带作物研究所从国外引进品种中选育 H2、922、OC、344 等优良品种，自主选育南亚 1 号、南亚 2 号、南亚 3 号、南亚 12、南亚 116 等一批优良品种；选育的早花材料和实生选种研究取得进展，选育了一批当年种植、次年就能开花的早花材料。广西南亚热带农业科学研究所选育的桂热 1 号在广西地区表现良好；云南省热带作物科学研究所、广西壮族自治区亚热带作物研究所和贵州省亚热带作物科学研究所的新品种选育也正在进行中，预计在不远的将来会出现一批新的优良品种。

3　育苗技术研究达到世界领先或先进水平

中国热带农业科学院南亚热带作物研究所研发的"扦插繁殖快速育苗技术"（农科果鉴字［2002］第 038 号）采用常规设备，无需插床底部加温，方法简单、成本低、效果稳定、根系发达，大规模育苗成活率高，技术容易掌握推广。其核心技术获得发明专利（专利号：ZL 200910089779.8）。而国外扦插繁殖技术需在插床底部加温，设施复杂昂贵，难以推广。

中国热带农业科学院南亚热带作物研究所研发的"基于WGD-3配方的澳洲坚果嫁接繁殖技术研究"（农科果鉴字［2013］第 026 号）采用操作最简便的劈接法和 Parafilm 蜡条包扎保护，接穗采用 WGD-3 配方预处理，不需环割处理，具有成本低、成活率高、操作简便、嫁接速度快、抽梢数量多、植株生长迅速等优点，适于澳洲坚果大规模嫁接育苗应用，其核心技术获得发明专利（专利号：ZL 200910089778.3）。而国外嫁接育苗或需要进行枝条的环割处理，或需要复杂的温室设施，只有大型公司才能操作，在国内难以推广。

4　丰产栽培技术有新突破

中国热带农业科学院南亚热带作物研究所研发的澳洲坚果丰产栽培关键技术（WGD-2 配方）能显著提高澳洲坚果产量，丰产栽培技术试验的示范园，10 龄树的平均株产量（8.19 kg）和单产量（2 579.85 kg/hm²）超过南非，达到澳大利亚 10 龄树果园平均单产量（2 500 kg/hm²）的水平；示范园的 H2、344 品种 10 龄树，平均株产量为 10.6～11.2 kg，单产量达 3 000 kg/hm²，达到澳大利亚同龄树平均单产量水平。

5　初步建立我国澳洲坚果产业标准体系

已经制定澳洲坚果的农业行业标准 7 项：澳洲坚果种苗（NY/T 454—2018）、澳洲坚果果仁（NY/T 693—003）、澳洲坚果带壳果（NY/T 1521—2007）、澳洲坚果栽培技术规程（NY/T 2809—2015）、澳洲坚果种质资源鉴定技术规范（NY/T 1687—2009）、热带作物品种试验技术规程　第 7 部分：澳洲坚果（NY/T 2668.7—2016）、热带作物品种审定规范　第 7 部分：澳洲坚果（NY/T 2667.7—2016）；正在制定《澳洲坚果 DUS 测试指南》；基本建立了我国澳洲坚果产业的技术标准体系，建成了农业部澳洲坚果标准化生产示范园 8 个。

第三章 主要种类和品种

第一节 种 类

澳洲坚果（*Macadamia* spp.）属山龙眼科（Proteaceae），本科大约有60个属，1300种。其中澳洲坚果属有22个种（表3-1），分布于澳大利亚、新喀里多尼亚、马达加斯加、苏拉威西岛等地的热带雨林；原产澳大利亚的有10个种，原产新喀里多尼亚的有6种，原产马达加斯加的有1种，原产西里伯岛的有1种。在这些种类中，绝大多数种类因果仁小、味苦，内含氰醇苷而不能食用。可食用的、已被商业性栽培的种只有2个种，即光壳种（*Macadamia integrifolia*）和粗壳种（*Macadamia tetraphylla*）。

表 3-1 世界澳洲坚果属名录

序号	种名	序号	种名
1	*Macadamia alticola* Capuron	9	*M. integrifolia* Maiden & Betcbe-Betche
2	*M. angustifolia* Virot		
3	*M. claudiensis* C. L. Gross & B. Hylan	10	*M. jansenii* C. L. Gross & P. H. Weston
4	*M. erecta* J. A. McDonald & Ismail		
5	*M. francii* (Guillaumin) Sleumer	11	*M. leptophylla* (Guillaumin) Virot
6	*M. grandis* C. L. Gross & B. Hyland	12	*M. lowii* F. M. Bailey
7	*M. heyana* (Bailey) Sleumer	13	*M. minor* F. M. Bailey
		14	*M. neurophylla* (Guillaumin) Virot
8	*M. hildebrandii* Steenis	15	*M. praealta* (F. Muell.) F. M. Bailey

（续）

序号	种名	序号	种名
16	*M. rousselii*（Vieill.）Sleumer	20	*M. vieillardii*（Brongn. & Gris）Sleumer
17	*M. ternifolia* F. Muell		
18	*M. tetraphylla* L. A. S. Johnson	21	*M. whelanii*（F. M. Bailey）F. M. Bailey
19	*M. verticillata* F. Muell ex Benth	22	*M. yongiana*（F. Muell.）Benth

资料来源：The International Plant Names Index（IPNI）和 Australian Plant Name Index（APNI）.

最有商业性栽培或观赏价值的 5 个种主要性状如下：

（1）全缘叶澳洲坚果（*M. integrifolia* Maiden & Betche） 俗名澳洲坚果、光壳澳洲坚果。

原产澳大利亚昆士兰大分水岭东海岸热带雨林，南纬 25°～28°，即昆士兰州和新南威尔士州边界的 Mcpherson 山脉 Numibah 河谷以北至 Mary 河下游，约长 442 km、宽 24 km 的地带。

本种树冠高达 18 m、宽 15 m，小枝颜色比三叶澳洲坚果（*M. ternifolia*）淡，新梢淡绿色。叶倒披针形或倒卵形，叶长 10.2～30.5 cm、宽 2.5～7.6 cm，有叶柄，叶全缘或几乎全缘，叶顶端圆形。三叶轮生，偶见四叶轮生，小实生苗和新梢有二叶对生现象。花序长 10.2～30.5 cm，着花 100～300 朵，花白色。果实成熟高峰期，在澳大利亚为 3～6 月，在夏威夷为 7～11 月，在加利福尼亚为 11 月至翌年 3 月，在广东湛江为 8 月中旬至 9 月底。此外，老树一年中几乎每个月都有零星开花结果现象，因此，有时亦称这个种为"连续结果种"。果圆形，果皮无茸毛，呈亮绿色。果壳光滑，壳果直径 1.3～3.2 cm，果仁味香，白色，质量很高。目前商业性栽培的绝大多数品种来源此种。

（2）四叶澳洲坚果（*M. tetraphylla* L. A. S. Johnoson） 俗名澳洲坚果、粗壳澳洲坚果、刺叶澳洲坚果。

原产澳大利亚大分水岭东面热带雨林，南纬 28°～29°，即昆士兰州东南部 Coomera 河和 Nerang 河以南至新南威尔士州东北的

Richmont 河，距离约 120 km 的地带。

树冠开张，高达 15 m、宽 18 m，小枝暗黑色，但颜色又比三叶澳洲坚果稍淡，新梢嫩叶呈红色或粉红色，偶见因缺花青苷色素而变淡黄绿色。叶倒披针形，叶长 10.2～50.8 cm、宽 2.5～7.6 cm，无叶柄或近无叶柄，叶缘多刺，叶顶端尖。四叶轮生，偶见三叶或五叶轮生，实生小苗二叶对生。花序着生在老态小枝上，一般枝条顶部最早成熟的节先抽生花序，花序长 15.2～20.3 cm，着花 100～300 朵，花鲜粉红色，偶见个别单株因花青苷色素而花变乳白色。果实成熟高峰期，在澳大利亚为 3～6 月，在夏威夷为 7～10 月，在加利福尼亚为 9 月至翌年 1 月，在广东湛江为 8 月中旬至 9 月底，一年只结一次果。果椭圆形，果皮灰绿色，密生白色短茸毛。果壳粗糙，壳果直径 1.2～3.8 cm，果仁颜色比光壳种深，果仁质量和质地变化较大。该种也具有重要的商业栽培价值，耐寒力比光壳种强，若作为砧木，比其他种生长快且整齐，更抗疫霉菌（*Phytophthora*）引起的根病。由于果仁质量变化较大，最好种植经选育的品种。

（3）**三叶澳洲坚果**（*M. ternifolia* F. Mueller） 俗名昆士兰小坚果。

原产澳大利亚大分水岭东面热带雨林，南纬 26°～27°30′，即昆士兰州布里斯班西北的派因河至京比地区的 KinKin，距离约 119 km 的地带。

该种与别的种有些混淆，很难精确地加以描述。树形较小，树冠高和宽均极少能超过 6.5 m，多主干，多分枝，小枝暗黑色，新梢红色。叶披针形，叶小，长不超过 15.2 cm，有叶柄，叶缘有刺。三叶轮生，实生小苗有的仅二叶对生。花序小，长 5.1～12.7 cm，着花 50～100 朵，粉红色。果实成熟高峰期，在澳大利亚为 4 月，在加利福尼亚为 11 月。果皮灰绿色，有浓密的白色茸毛，果壳光滑，壳果直径 0.61～0.95 cm。果仁苦，味道不好，目前仅作为观赏植物应用。

（4）**极高澳洲坚果**［*M. prealta*（F. Muell）F. M. Bailey］ 俗名球状坚果。

原产新南威尔士州北部至昆士兰州之间的热带雨林，果大，直径5 cm，内含1或2个壳果，壳比其他种薄，其商业栽培可能性还未知。

(5) 魏兰氏澳洲坚果（*M. whelanii* F. M. Bailey）　原产澳大利亚昆士兰和新南威尔士州之间的热带雨林，通常叶全缘，生果仁有毒，但原产地土著人把果仁烘烤后食用。目前还未有商业性栽培。

第二节　主要栽培品种

1　世界各国选育的主要品种

澳洲坚果商业栽培品种均选育自光壳种（*M. integrifolia*）和粗壳种（*M. tetraphylla*）或两个种的杂交后代。目前世界各国选育的澳洲坚果品种已超过540个，开展选育的国家和地区主要有美国的夏威夷和加利福尼亚州、澳大利亚、南非、巴西和新西兰等。

1.1　美国夏威夷

夏威夷澳洲坚果的育种始于1934年美国夏威夷大学的农业试验站（HAES），热带农业与人类资源学院（CTAHR）具体负责该项工作，目前世界上大多数品种来自夏威夷品种。J. H. Beaumount 和 R. H. Moltzau 于1934年启动正式的品种选育计划，1948年 W. Storey 从 20 000 株实生结果树中选育出了 5 个澳洲坚果品种。到1990年，CTAHR 已从 120 000 株实生树的初选编号植株中命名了 14 个品种（表 3 - 2）。

表 3 - 2　夏威夷已命名的澳洲坚果（HAES）品种

育成时间（年）	编号	名称	育种者
1948	246	Keauhou	W. Storey
1948	336	Nuuanu	W. Storey
1948	386	Kohala	W. Storey
1948	425	Pahau	W. Storey
1948	508	Kakea	W. Storey

15

（续）

育成时间（年）	编号	名称	育种者
1952	333	Ikaika	R. Hamilton
1952	475	Wailua	R. Hamilton
1966	660	Keaau	R. Hamilton
1971	344	Kau	R. Hamilton
1977	741	Mauka	R. Hamilton and P. Ito
1977	800	Makai	R. Hamilton and P. Ito
1981	294	Purvis	R. Hamilton and P. Ito
1981	788	Pahala	R. Hamilton and P. Ito
1990	790	Dennison	R. Hamilton and P. Ito

近年来，夏威夷又选育出 HAES 814、816、843、849、835、856、857、900、950、915 等澳洲坚果新品种，其中有发展前景而未命名的品种 HAES 816、835、856、915 等正在几个不同地区进行品种区域性试验。通过多年的品种区域性试验，CTAHR 于 20 世纪 80 年代初推荐了 HAES 294、344、508、660、741、788 和 800 等品种供夏威夷生产上使用。这 7 个品种的平均单个果仁重 2.8 g，出仁率 40.4%，一级果仁率 96%。1990 年 CTAHR 又推荐 HAES 790 作为夏威夷商业性种植的品种。1990 年后，夏威夷就再无新的商业品种发布，种植面积也没有新的增加。

目前，就品种使用的情况而言，HAES 344 是主要栽培种，占夏威夷澳洲坚果总面积的 32%（个别农场高达 50%）；其次为 HAES 246（占 16%）、333（占 15%）、660（占 9%）、508（占 7%）等，其中最早的品种 HAES 246、333 和 508 正逐步为 HAES 344 所替代。

1.2　澳大利亚

澳大利亚的澳洲坚果育种始于 1948 年，但起初的选育工作并未受到足够重视。澳大利亚最初的澳洲坚果商业性种植完全依赖于夏威夷选育的品种，然而夏威夷和澳大利亚的气候条件不同，夏威夷品种在澳大利亚的表现没有一个比得上在夏威夷本土的表现。因此，澳大利亚开始注重培育适合本国种植的澳洲坚果新品种。充分利用本国得天独厚的野生资源优势，先后对近10 000个入选材料进行筛选，已选出以OC、H2、A4、A16等为代表的优良品种或单株90多个，为本国澳洲坚果产业发展奠定了良好基础（表3-3）。

表3-3　澳大利亚选育的澳洲坚果品种

学　　名	品种代号	品种名称	起　　源
M. integrifolia	A38	HVA38	Beerwah，Qld，Aus
	A268	HVA268	Aus
	A29	HVA29	Aus
	A203	HVA203	Aus
	A90	HVA90	Aus
	Own Venture	Own Venture	Aus
	Sg51	Seedling51	Rochhampton，Qld，Aus
	Kopp	Kopp	Tinana，Qld，Aus
	Dadw	Daddow	Maryborough，Qld，Aus
	H2	Hinde，H2	Gilston，Qld，Aus
	OC	Own Choice	Amamoor Qld，Aus
	Release	Release	Goonnboorian Qld，Aus
	Tinana	Tinana	Tinana，Qld，Aus
M. integrifolia× *M. tetraphylla*	A232	HVA232	Beerwah，Qld，Aus
	A16	HVA16	Beerwah，Qld，Aus
	A4	HVA4	Beerwah，Qld，Aus
	Ren	Renown	Amamoor，Qld，Aus
	NRG	NRG43	Amamoor，Qld，Aus

（续）

学　名	品种代号	品种名称	起　源
M. integrifolia × *M. tetraphylla*	GrHy	Greber Hybrid	Amamoor，Qld，Aus
	Yng1	Young 1	Beerwah，Qld，Aus
	Bmnt	Beaumont（695）	Highfield，NSW，Aus in 1954
	Nutty Glen	Nutty Glen	Amamoor，Qld，Aus
	Flaxton	Flaxton	Flaxton，Aus in 1948
	Elimbah	Elimbah	Caboolture，Aus in 1948
	Greber	Greber	Amamoor，Qld，Aus in 1948
	Teddington	Teddington	Tinana，Qld，Aus in 1948
	Tan	Tanya	NSW，Aus
	Mel	Melina	NSW，Aus
	Howard	Howard	Maleny，Aus in 1948

　　澳大利亚最早从事澳洲坚果育种工作的人是 Norm Greber，被公认为澳大利亚澳洲坚果产业之父，他一生选育了 OC（Own Choice）、Own Venture、Renown、Ebony 和 Greber Hybrid 等优秀品种。一些品种现在仍在世界各地种植，深受人们喜爱；另外一些品种则被作为亲本材料，培育出了更为优秀的品种。当前澳大利亚最有影响的品种当属 H. F. D. Be LL 在其私人种植场 Hidden Valley Plantations 选育的 A 系列，A4、A16 是其中的杰出代表，其单个果仁平均重分别达 3.5 g、2.9 g，平均出仁率大于 45%，这两个品种分别有 100%、99%的果仁含油量在 72%以上，申请并获得了澳大利亚、美国和国际新品种保护协会（UPOV）新品种保护。

　　目前，澳大利亚推荐种植的 12 个品种为 HAES246、783、849、816、842、814、741、344、705 和澳大利亚本土选育的 Daddow、A4、A16；目前在澳大利亚广泛种植的 12 个品种为 HAES246、849、508、333、800、741、660、344 和澳大利亚本

土选育的 H2、A4、A16、A38。

1.3 南非

南非的澳洲坚果引种始于 20 世纪 30 年代，主要引进夏威夷、澳大利亚和美国加利福尼亚州的种子，用于建设第一批果园。70 年代后，南非的苗圃开始通过无性繁殖培育良种苗木。夏威夷的 HAES246、344、660、741、788、791、800、814、816 和澳大利亚的 A4、A16 等品种在南非的品种结构中占很高的比例。选育适合当地种植的品种主要在南非的 ITSC 和 Nelspruit 进行，选育材料主要来自夏威夷和澳大利亚的实生树。通过 40 多年的实生选种，南非澳洲坚果产业中自选品种已占很大比例，约为 25%。其中最受欢迎的本地种为 Nelmak2 和 Nelmak26，发布于 20 世纪 70 年代，可能是夏威夷实生树在南非选育出的 Nelmak1 的后代；南非的 Reim 苗圃更喜爱味道甜的粗壳种，他们培育出了 60 000 株粗壳种实生树，分布于南非各地，从中选育出的 R14、W148 和 W266 已有上佳表现；从起源于美国加利福尼亚州的 Faulkner 的有性后代中也选育出了多个品种，如 UNP－F1、UNP－4 等（表 3－4）。

通过多年的品种区域性试验，Allan 于 1997 年推荐了 4 个品种，即 788（Pahala）、800（Makai）、741（Mauka）和 816 供生产上应用。1999 年南非种植最多的 5 个品种为 695、344、791、788 和 N2，占总种植面积的 72%。

表 3－4 南非选育的澳洲坚果品种

品种名称	品种类型	品种来源
Nelmak1	Hybrid	By A. J. Joubert in 1973
Nelmak2	Hybrid	Nelmak 1 op By A. J. Joubert in 1973
Nelmak26	Hybrid	Nelmak 1 op By B. L. Roux
R14	*M. tetrphylla*	Reim's Tet op
Reim's Int 1	*M. integrifolia*	
Reim's Int 2	*M. integrifolia*	
Reim's Tet 1	*M. tetrphylla*	

（续）

品种名称	品种类型	品种来源
Reim's Tet 2	*M. tetrphylla*	
Reim's Tet 3	*M. tetrphylla*	
Teddington	*M. integrifolia*	
UNP - F1	*M. integrifolia*	Fsulkner op
UNP - 4	*M. integrifolia*	Fsulkner op
W148	*M. tetrphylla*	Reim's Tet op
W266	*M. tetrphylla*	Reim's Tet op

注：op 表示 open pollinated（开放授粉）。

1.4　其他地区

美国加利福尼亚州选育出了 Burdick、Faulkner、Hall、Jordan、Parkey、Santa Ana 等品种；肯尼亚选育出了 Kiambu 3、Embul、Kirinyagal 5、Muranga 20 等品种；以色列选育出了 A9/9、A2/27、Yonik 等品种，推荐种植品种为 Yonik 和 Beaumont；新西兰选育出了 PA39、GT1、GT2、GT201、GT207 等品种；巴西选育出了 Keaumi 和 Keaudo。

我国的澳洲坚果育种才刚刚起步，目前生产上应用的主要是从澳大利亚和美国夏威夷引进的品种。澳洲坚果研究工作主要在中国热带农业科学院南亚热带作物研究所、广西壮族自治区亚热带作物研究所和云南省热带作物科学研究所等单位开展，至今已收集到实生优良单株 100 多个，已经选育的品种有南亚所选育的南亚 1 号、南亚 2 号、南亚 3 号、南亚 12、南亚 116 等和广西壮族自治区亚热带作物研究所选育的桂热 1 号等。

2　主要栽培品种简介

2.1　夏威夷品种

2.1.1　246（Keauhou）（参见图版 1）

该品种是夏威夷农业试验站 1936 年从自然授粉实生树中选出、1948 年命名的品种，1979 年引入我国。

该品种树冠开张，圆形至阔圆形。分枝多，且向下部弯曲，枝条细小至中等大，叶尖钝通常上卷，叶缘波浪形，刺中等多，叶片常扭曲。坚果大、棕色。珠孔大而凸出，缝线宽、槽状，颜色比壳果其余部分略淡，卵石斑纹集中在扁平的脐部周围。

该品种在 7 龄前，植株生长较快，在自然生长条件下，树高、冠幅及茎围的平均年增长量分别为 50 cm、40 cm、4.6 cm 左右，7 龄以后生长趋于缓慢，7 龄树高约 500 cm，冠幅约 400 cm，茎围约 37 cm；10 龄树高约 560 cm，冠幅 400 cm 以上，茎围约 45 cm。一般 2 月中旬进入花期，3 月中旬盛花，3 月底至 4 月初谢花。栽后 4～5 年结果，经济寿命 40～60 年，病虫害少，管理粗放，抗风性较差。

在夏威夷，壳果平均粒重 7.2 g，果仁平均粒重 2.8 g，出仁率 39%，一级果仁率 85%，高产。但在不同的植区表现差异大，在夏威夷该品种只在科纳岛表现特好，在其他地区则一级果仁率不稳定。而在澳大利亚，它是一个可靠的品种，近四个产季中，产量都高于本产业平均水平（每株产量 36.5 kg，出仁率 39.2%）。在我国早结性比 H2 差，前期产量不高，10 龄后比其他品种丰产稳产。

2.1.2　508（Kakea）（参见图版 2）

该品种是夏威夷农业试验站 1936 年从自然授粉实生树中选出、1948 年命名的品种，1979 年引入我国。

该品种树冠窄圆形至圆锥形，颜色稍淡，叶顶部略呈圆形，叶缘波浪形，少刺，有时叶缘反卷，枝条健壮，节间短，叶呈簇状成束着生于枝梢末端。坚果中等大小，圆形，珠孔中等大小，缝线为明显的暗红棕色条纹而非槽状。

该品种在夏威夷是商业性种植最好和最高产的品种之一，壳果平均粒重 7.0 g，果仁平均粒重 2.5 g，出仁率 36%，一级果仁率 90%。在我国种植区，壳果平均粒重 5.17 g，果仁平均粒重 1.85 g，出仁率 35.0%，一级果仁率 66.9%～85.7%，平均含油率 77.9%。

该品种在夏季高温季节新梢叶片变黄，较适宜在较冷凉的种植区种植，不抗风，在冷凉的植区表现较好，在我国广东湛江地区产量不高，夏季高温季节新梢叶片变黄白色。

2.1.3 333（Ikaika）（参见图版 3）

该品种是夏威夷农业试验站 1936 年从自然授粉实生树中选出、1952 年命名的品种，1979 年引入我国。

该品种树冠圆形，颜色深绿，叶大，尤其有些老叶非常大（长×宽＝25 cm×8 cm），叶尖方形、扭曲，叶缘呈极明显的波浪形，多刺。坚果深红棕色，略有卵石花纹。缝线不清晰，颜色和壳果的其余部分相同或略淡。

该品种在夏威夷，壳果平均粒重 6.5 g，果仁平均粒重 2.2 g，出仁率 36％，一级果仁率 90％，平均含油率 77％～79.1％。

该品种生势极旺盛，耐寒，抗风性强。坐果率高，果形较小，果仁也较小，适合巧克力加工使用。该品种表现早结丰产，成龄果园产量高，但产量表现与果园管理水平高低相关，若果园管理粗放，果实易出现仁偏小、不饱满的现象。在夏威夷老果园产量和果仁质量稳定性比其他种差，但在风害地区该品种被广泛使用。在我国广东湛江地区，表现早结丰产，后期产量高、抗风性好。在广东、广西、云南早期种植的果园中，表现为生势旺、早结，前期产量较好。

2.1.4 660（Keaau）（参见图版 4）

该品种是夏威夷农业试验站 1948 年从自然授粉实生树中选出、1966 年命名的品种，1979 年引入我国。

该品种树冠直立紧凑，呈深绿色。叶缘波浪形，刺中等多，叶顶端呈圆形有时略尖。叶脉明显可见。坚果小，深棕色，光滑、圆形、缝线像一条小沟，从珠孔开始逐渐减弱变细消失，圆形斑点集中在脐端，长形斑点靠近珠孔。

在夏威夷，壳果平均粒重 5.7 g，果仁平均粒重 2.5 g，出仁率 44％，一级果仁率 97％，抗性好，果实成熟早、集中，在夏威夷是一个优良的品种。在我国广东湛江地区，660 抗风性好，产量一般，和其他品种比较其产量起伏变化较大；壳果平均粒重 3.42 g，果仁平均粒重 1.25 g，出仁率 37.0％，一级果仁率 75.2％～76.0％，平均含油率 73.6％。

2.1.5 344（Kau）（参见图版 5）

该品种是夏威夷农业试验站 1963 年从自然授粉实生树中选出、

1981 年命名的品种，1979 年引入我国。

该品种树冠直立，枝条粗壮，分枝少；三叶轮生，叶片长椭圆形，长而宽，末端较尖，叶基较窄，叶全缘呈波浪形，叶缘扭曲少刺，叶顶部上卷。果顶稍偏离果柄，壳果中等大，棕色，果壳上斑点少。

生长势旺，树势直立，枝条粗壮。栽后 3～4 年结果，经济寿命 40～60 年，病虫害少，管理粗放。

在夏威夷，壳果平均粒重 7.6 g，果仁平均粒重 2.9 g，出仁率 38%，一级果仁率 98%，果仁品质极好。该品种高产，抗性好，适合果园密植；耐寒性好，抗风性强，耐热性差，在夏季高温期，新梢叶片变黄泛白。早结丰产，10 年龄果园高产。枝条壮旺，分枝力差，要常短截促其分生结果枝，前期才获丰产。

2.1.6　741（Mauka）（参见图版 6）

该品种是夏威夷农业试验站 1957 年从自然授粉实生树中选出、1977 年命名的品种，1979 年引入我国。

该品种树冠直立生长，紧凑，枝条健壮，分枝量适中，叶缘刺少，叶顶部近似等腰三角形。坚果中等大小，圆形。

在夏威夷，壳果平均粒重 6.5 g，果仁平均粒重 2.8 g，出仁率高达 43%，一级果仁率 98%，果仁外观非常好，在夏威夷较高的海拔地区要比其他夏威夷品种好。该品种树形疏密适中，分枝量中等，抗性较好。在我国广东湛江地区，741 树形疏密适中、分枝量中等、抗性较好；在我国种植区，壳果平均粒重 5.09 g，果仁平均粒重 1.8 g，出仁率 35.0%，一级果仁率 83.9%，平均含油率 74.1%。

2.1.7　800（Makai）（参见图版 7）

该品种是夏威夷农业试验站 1967 年从品种 246（Keauhou）自然授粉实生树中选出、1977 年命名的品种，1979 年引入我国。

在夏威夷表现比较适合较低海拔地区种植。该品种树形、果实特性、产量潜力与 246 近似。树冠圆形、开张，枝条要比 246 健壮、分枝力比 246 稍弱，叶片长形槽状，叶缘扭曲多刺，果实比 246 大。

该品种在夏威夷，壳果平均粒重 8.0 g，果仁粒重 3.2 g，出仁率 40%，一级果仁率 97%，果仁质量特好，在夏威夷表现出早产性能及果仁质量都超过 344 及其他已推荐的品种。在我国种植区，壳果平均粒重 8.28 g，果仁平均粒重 2.11 g，出仁率 30.8%～38.0%，一级果仁率 91.1%～97.2%，平均含油率 79.1%～81.6%。但在澳大利亚及我国广东、广西、云南早期种植的果园产量低，不抗风，各种大田性状均比其他品种差。在我国，该品种基本被淘汰。

2.1.8 788（Pahala）（参见图版 8）

该品种是夏威夷农业试验站 1963 年从自然授粉实生树中选出、1981 年命名的品种，1979 年引入我国。

该品种树势直立，枝条粗壮，叶大，叶全缘呈波浪形，叶缘反卷、少刺，叶尖有少量刺。果顶稍偏离果柄，壳果中等大，棕色，果壳上斑点少。

该品种生长势旺，树势直立，枝条粗壮。栽后 3～4 年结果，经济寿命 40～60 年，病虫害少，早结丰产，果实成熟早。

在夏威夷，壳果平均粒重 6.5 g，果仁平均粒重 2.8 g，出仁率 43%，一级果仁率 96%，是夏威夷推荐用于新建立商业性果园的品种。在我国种植区，壳果平均粒重 6.74 g，果仁平均粒重 2.70 g，出仁率 34.6%，一级果仁率 96%，平均含油率 73.4%；表现早结性能较好，生长旺盛，成龄果园丰产稳产性较好；在贵州省黔西南布依族苗族自治州望谟县是最丰产稳产的品种之一。

2.1.9 294（Purvis）（参见图版 9）

该品种是夏威夷农业试验站 1936 年选出、1981 年命名的品种，1988 年由夏威夷大学 P. J. Ito 教授赠送给中国热带农业科学院南亚热带作物研究所。

树冠圆形，颜色淡绿，枝条细小，叶片小而狭长，叶缘带刺。当坐果量大时，有时叶片会出现褪绿现象。在夏威夷，壳果平均粒重 7.9 g，果仁平均粒重 3.0 g，出仁率 39%，一级果仁率 95%，果仁质量好，烘烤时常可以闻到一种特殊的香味，是夏威夷新推荐种植的品种。在我国广东湛江地区，生势一般，抗风性差，最早引种的母树风害后一直不能恢复正常，我国其他地区种植很少，全面生产性状尚难评定。

2.1.10 695（Beaumont）（参见图版 10）

该品种是一个杂交种，在美国加利福尼亚州是一个主栽品种，在南非种植最多，壳果产量最高达 10 t/hm^2。1988 年由夏威夷大学 P. J. Ito 教授赠送给中国热带农业科学院南亚热带作物研究所。

该品种工厂的出仁率达 39%，一级果仁率 95%～100%，根系发达，生势旺盛，花为淡红紫色，在南非普遍使用扦插苗作为砧木嫁接其他品种或直接种植扦插苗。在我国广东湛江地区，抗风性较好，产量一般，鼠害较重；在广西南宁表现早结性好，早期丰产。

该品种较适宜冷凉地区种植，同时因其花期长，也很适合作为其他品种的授粉树。

2.2 澳大利亚品种

2.2.1 OC（Own Choice）（参见图版 11）

该品种是从昆士兰州比瓦（Beerwah）地区野生丛林中选出的实生树，1979 年引入我国。

该品种树冠密集，灌木型，开张，叶小扭曲，叶缘无刺或极少刺，反卷，枝条小而多，抗风性好，高产。原产地 10 龄单株产壳果 26 kg，种子中等大，壳果平均粒重 7.75 g，果仁平均粒重 2.7 g，出仁率 33%～37%，一级果仁率 95%～100%。果仁品质很好。果实成熟后约 80% 果黏留在树上不脱落。该品种在华南地区试种均表现出早结。定植后 2.5～3 年即开花结果，高产、稳产、抗风性强，但一年中该品种开花期较其他种早，花期较长，果壳较薄，鼠害较重。

2.2.2 H2（Hinde）（参见图版 12）

该品种于 1948 年从昆士兰州吉尔斯顿（Gilston）地区选出，1979 年引入我国。

在新南威尔士州，该品种表现比任何一个澳大利亚品种都好，早结性比夏威夷品种 246、508 都好得多。高产稳产，10 龄单株产量 18 kg。H2 树冠疏朗，中等直立，分枝长且健壮，叶短而宽，很像灯泡，末端圆，叶基较窄，叶全缘成波浪形，极少刺或无刺，种子中等大，形状不规则，种脐部宽大，盖有一块紧黏着的果皮物，旁边有一明显的凹陷窝。壳果平均粒重 7.05 g，果仁平均粒重 2.33 g，出仁率 30%～35%，一级果仁率 85%～90%。抗风性差，有少量果实成熟后不脱落，果实比其他品种难脱皮。较适宜气候较凉的地区种植。H2 实生苗生势旺，成苗整齐，与 D4 品种一样，常被选作砧木材料。H2 在我国华南七省试种均表现早结，对广东、广西 10～16 年树龄以前的果园调查表明，H2 品种早结、丰产、稳产，但抗风性差，鼠害重。由于 H2 每年结果量大，若水肥管理水平低，则 H2 品种的树势比其他品种更容易出现衰退病症。

2.2.3 A4（参见图版 13）

1980 年选自 D4 的自然授粉实生树，是澳大利亚 1987 年始广泛推广种植的新品种之一。早结、高产，4 龄单株产量 0.85 kg，12 龄单株产量 23.5 kg。较抗风，花量及早期产量胜于绝大多数品种。A4 的花期居各品种的中前期，有分批开花（即第 1、第 2 批花和后期花）现象。成熟期集中，整个收获期短，且无成熟果实挂树现象。果仁粒大，质量高，适宜加工。果仁平均粒重 3.6～3.8 g，出仁率高达 43%～47%，一级果仁率 99%～100%。缺点是有高度自交不孕性，不宜单一品种连片种植，与其他品种混种时，产量则大幅度增长。该品种还具有一些粗壳种的特性，种壳较优薄，易受鼠害。

2.2.4 A16（参见图版 14）

1981 年选自 D4 后代，是澳大利亚 1987 年开始广泛推广种植的新品种之一。大田性状表现优良，比任何一个选系或已命名的品种都好，比 A4 约迟 18 个月进入生殖生产期。但同等树龄，A16 的后期产量超过 A4。果仁质量高，平均粒重 3.0～3.5 g，出仁率 44%～47%，一级果仁率 99%～100%，在现行真空密封罐条件下，A16 果仁明显比其他品种耐贮藏。A16 具有杂交种的一些特性，但它的性状比 A4 更靠近光壳型种，种壳薄，易受鼠害。

中国热带农业科学院南亚热带作物研究所在广东试验表明，该品种树势中等，较开张，枝梢较软，分枝较少，较耐高温高湿，抗风、较适宜密植。该品种结果较早、丰产，5 龄、6 龄和 7 龄树平均株产壳果分别为 2.67 kg、4.57 kg 和 6.16 kg，折合亩产壳果分别为 87.95 kg、150.81 kg、203.28 kg。果实卵圆形，亮绿色，平均单果重 19.22 g；壳果深褐色，椭圆形，平均干重 7.15 g；果仁较大，乳白色，平均干重 2.72 g。出仁率 37.9%，一级果仁率

100%，果仁中总糖含量 2.2%，蛋白质含量 9.7%，含油率 76.1%。

2.2.5　D4（Reown）

属杂交种，花穗很长，种子形态美观，果仁白色度极好，果仁平均粒重 3.2～3.4 g，出仁率 34.2%～40.0%。中龄树高产，但老龄树产量不高，实生苗生势旺，成苗整齐，常被选作砧木材料。

2.2.6　Creber Hybrid

OC 和 D4 的杂交后代。高产，5 龄单株产量 4.35 kg，9 龄单株产量 13.0 kg。果仁大小适中，形态美观，品质极好，最适合深加工。壳果粒重 5.1～7.5 g，果仁平均粒重 2.0 g，出仁率 39.9%～41.8%，一级果仁率 94.2%～99.3%。老果园高产，但种子有偏小现象。

2.2.7　Heilscher

树形直立，抗风性好，早期产量略低，成年树高产。5 龄单株产量 0.91 kg，9 龄单株产量 17.5 kg。果仁品质好，壳果粒重 7.1～7.5 g，果仁平均粒重 2.4～3.0 g，出仁率 42.3%～44%，一级果仁率 98.7%。缺点是与其他品种一起加工时，有 5%～10% 的果仁发生变色现象。此品种成熟期较迟。

2.2.8　Daddow

该品种树冠与夏威夷品种 246（Keauhou）相似，树形开张，高产，5 龄单株产量 4.7 kg，9 龄单株产量 18.9 kg。果仁平均粒重 2.4～2.8 g，出仁率 31%～36%，一级果仁率 90%～100%。缺点是抗风性差，收获期长、迟，易受澳洲坚果钻心虫为害。

2.2.9　Nutty Glen

属杂交种，花期集中，稔实率高，出仁率也高，果仁平均粒重 3.6～4.0 g，出仁率 40%～47%，一级果仁率 100%。缺点是成熟前期落果严重，在较凉的气候环境中表现较好。

2.2.10　Mason97

此品种高产，5 龄单株产量 7.56 kg，9 龄单株产量 22.2 kg。果仁平均粒重 2.1～2.5 g，出仁率 28%～31%，一级果仁率 85%～99%。缺点是果实成熟后仍有一些挂在树上不脱落。

2.3　我国自主选育品种

我国自主选育的品种还不多，主要有中国热带农业科学院南亚热带作物研究所选育的南亚系列品种和广西南亚热带农业科学研究所选育的桂热 1 号品种，生产上采用的品种主要是从美国夏威夷或澳大利亚引进的品种。

2.3.1　南亚 1 号（参见图版 15）

南亚 1 号澳洲坚果是中国热带农业科学院南亚热带作物研究所从澳洲坚果实生后代群体中选出的品种，2010 年 1 月通过广东省农作物品种登记（品种登记号：粤登果 2010001）。

该品种树冠呈圆形，树势较开张，枝梢健壮，颜色深绿。三叶轮生，叶片扭曲，叶基较窄，叶端较尖，叶柄较短，叶缘波浪形、多刺，叶片两面的叶脉、侧脉和大量细网脉明显可见。总状花序腋生，下垂，花序较长，小花两性乳白色，无真正的花瓣，而是 4 个花瓣状萼片连接成管状花被。果实较大，带皮果平均每粒鲜重 22.86 g；带壳果棕红色，斑点较大，蒂部分布较集中，萌发孔较大，平均每粒干重 8.43 g；果仁平均粒重 2.89 g，出仁率37.2%～37.8%，一级果仁率 100%，果实含油率 76.4%～80.5%，总糖 2.3%，蛋白质 8.45%，品质优。

该品种定植后第 3 年开花率达 70.8%，部分植株挂果，第 4 年结果率 75%以上，第 5 年结果率 100%，第 5 年平均株产带壳果 2.14 kg，9 龄树株产带壳果 11.35 kg，结果早，丰产优质，经济性状优良。

2.3.2　南亚 2 号（参见图版 16）

南亚 2 号澳洲坚果是中国热带农业科学院南亚热带作物研究所从澳洲坚果实生后代群体中选出的品种，2010 年 1 月通过广东省农作物品种登记（品种登记号：粤登果 2010002）。

该品种树冠呈圆形，树势较开张，枝梢健壮，颜色深绿。三叶轮生，叶较短，叶基较窄，叶端较钝，叶柄较长，叶缘刺中等多，叶片两面的叶脉、侧脉和大量细网脉明显可见。总状花序腋生，下垂，花序较长，小花两性乳白色，无真正的花瓣，而是 4 个花瓣状萼片连接成管状花被。果皮光滑，亮绿色，带皮果平均每粒鲜重 18.75 g；带壳果，中等大，直径 3.5 cm 左右，平均每粒干重 7.52 g；果仁平均粒重 2.6 g，斑点少，主要集中在近蒂部、萌发孔中等大。出仁率 30.6％～30.7％，一级果仁率 100％，果仁含油率 76.5％～78.3％，含水量 2.9％，总糖 3.1％，蛋白质 9.50％。

该品种定植后第 4 年开花率达 85.3％，结果率 65.5％以上，第 5 年平均株产带壳果 2.45 kg，8 龄树株产量可达 14.82 kg，结果较早，丰产优质，经济性状优良。

2.3.3 南亚 3 号（参见图版 17）

南亚 3 号澳洲坚果是中国热带农业科学院南亚热带作物研究所从澳洲坚果实生后代群体中选出的品种，2011 年 1 月通过广东省农作物品种审定委员会审定（品种审定号：粤审果 2011003）。

该品种树冠呈圆形，树势较开张、枝梢健壮、分枝力中等，颜色深绿。叶片长椭圆形，三叶轮生，叶较短，叶缘反卷，刺较少、均匀分布，叶片两面的叶脉、侧脉和大量细网脉明显可见。总状花序腋生、下垂，花序较长，小花两性、乳白色，无真正的花瓣，而是 4 个花瓣状萼片连接成管状花被。带皮果卵圆形、颜色深绿，果皮略粗糙，果柄中等大，平均粒重 19.75 g。带壳果中等大、深褐色、近球形，表面光滑、有光泽，斑纹多且分布较广，萌发孔小，平均粒重 6.95 g。果仁较大，乳白色，平均粒重 2.63 g，出仁率 36.8％～38.2％，一级果仁率 98.9％～100％，总糖含量 4.2％～5.7％，蛋白质含量 8.72％～9.04％，含油率 75.3％～78.7％。

该品种丰产性能较好，定植后第 4 年开花株率达 86％，结果株率 52％，第 5 年结果株率 100％，5 龄植株平均株产带壳果 3.36 kg、6 龄植株 5.81 kg、7 龄植株 9.97 kg、9 龄植株 13.26 kg。适应性广，粗生易管，早结丰产，品质优良。

2.3.4 南亚 12（参见图版 18）

南亚 12 澳洲坚果是中国热带农业科学院南亚热带作物研究所从澳洲坚果实生后代群体中选出的品种，2013 年 6 月通过广东省农作物品种审定委员会审定（品种审定号：粤审果 2013009）。

该品种长势中等，树冠圆形、较开张，枝梢健壮、分枝力中等，颜色深绿，节间长约 3.82 cm。叶片倒卵形，浅绿色，三叶轮生，叶较短，长 15.31 cm、宽 5.02 cm，叶柄长 1.01 cm，叶缘波浪形，刺少或无，主要集中在基部。总状花序腋生、下垂，花序长 24.62 cm，每个花序有小花 180～250 朵，小花两性、乳白色，无真正的花瓣，而是 4 个花瓣状萼片连接成管状花被。带皮果卵圆形、颜色深绿，果皮略粗糙，纵径 3.46 cm、横径 3.06 cm；壳果近球形、棕红色、中等大，表面光滑、有光泽，斑纹极少，萌发孔小，平均粒重 7.21 g。果仁较大，乳白色，平均粒重 2.58 g，出仁率 35.3%～37.3%，一级果仁率 96.4%～100%，果仁中总糖含量 2.0%～2.9%，蛋白质含量 9.16%～9.91%，含油率 73.9%～77.8%。

该品种树势中等，较开张，枝梢健壮，分枝力中等；丰产，5 龄、6 龄、7 龄、10 龄树平均株产壳果分别为 2.10 kg、4.47 kg、6.99 kg、11.93 kg，折合亩产分别为 69.3 kg、147.35 kg、230.51 kg、393.53 kg。

2.3.5　南亚 116（参见图版 19）

该品种是中国热带农业科学院南亚热带作物研究所从澳大利亚引进的澳洲坚果种子播种的实生群体中单株选出的品种，于 2014 年 6 月通过广东省农作物品种审定委员会审定（品种审定号：粤审果 2014007）。

该品种长势旺盛，树冠圆形、较开张，枝梢健壮、分枝力中等，颜色深绿，节间长约 3.85 cm。叶片披针形，墨绿色，三叶轮生，叶中等长，长 17.15 cm、宽 4.25 cm，叶柄长 1.25 cm，叶缘内卷、波浪形，刺少或无，主要集中在叶尖。总状花序腋生、下垂，花序长 28.62 cm，每个花序有小花 250～320 朵，小花两性、乳白色，无真正的花瓣，而是 4 个花瓣状萼片连接成管状花被。带皮果球形、颜色深绿，果皮略粗糙，果顶钝尖，纵径 3.45 cm、横径 3.26 cm，平均单果重 18.56 g；壳果球形、棕红色、中等大，表面光滑、有光泽，无斑纹，萌发孔小，平均粒重 7.45 g。果仁较大，乳白色，平均粒重 2.76 g。出仁率 37.2%～40.1%，一级果仁率 97.8%～100%，含油率 73.8%～77.5%，果仁中总糖含量 2.1%～2.9%，蛋白质含量 7.78%～9.82%。

该品种早结丰产，5 龄、6 龄、7 龄、8 龄树平均株产壳果分别为 2.53 kg、5.09 kg、7.88 kg、9.47 kg，折合亩产分别为 83.49 kg、167.81 kg、259.88 kg、312.51 kg。

我国最早引进的 9 个品种的果仁质量与主产地的比较结果见表 3-5。

表3-5 澳洲坚果主要品种在各种植区的果仁质量

品种	澳大利亚				美国夏威夷				中国广东湛江				
	出仁率(%)	一级果仁率(%)	果仁平均粒重(g)	抗风性	出仁率(%)	一级果仁率(%)	果仁平均粒重(g)	烘烤果仁质量	出仁率(%)	一级果仁率(%)	果仁平均粒重(g)	抗风性	果仁出油率(%)
246	31~35	85~95	2.5~3.0	很差	39	85	2.8	好	34	85.1~92.9	2.28	很差	79.02
660	33~37	90~95	1.8~2.4	好	44	97	2.5	极好	37	75.2~76.0	1.25	好	73.62
508	32~36	80~95	2.2~2.5	很差	36	90	2.5	极好	35	66.9~85.7	1.82	很差	77.93
344	30~34	90~100	2.4~2.8	好	38	98	2.9	很好	34	94.2~96.2	1.58	很好	72.00
741	32~36	90~100	2.1~2.5	好	43	98	2.8	很好	37	83.9	1.81	好	
800	33~36	95~100	2.4~2.8	很差	40	97	3.2	极好	33	91.1~97.2	2.11	很差	79.13
333	31~35	90~97	2.2~2.6	好	34	89	2.2	一般	30.7	88.8~88.3	1.79	好	79.10
H2	30~35	85~95	2.1~2.5	差					38	92.8~97.5	1.90	差	80.04
OC	32~36	85~95	2.5~3.0	差					30.7	98.2~99.9	2.38	很好	89.51
平均	31.5~35.5	88.3~97.4	2.2~2.7		39.1	93.4	2.7		34.4	86.1~90.7	1.88		

第四章 生物学特性

第一节 植株形态特征

1 树姿

澳洲坚果为常绿乔木，高可达 18 m、宽 15 m。树皮粗糙，棕色，树皮切口呈暗红色。主枝粗壮，分枝较多，向四周均匀分布。树姿因品种而异，如 344、660、741 等品种的树冠较直立，属树冠直立型品种；OC、246、800、333、508 等品种的树冠较为开张，属树冠开张型品种；H2、788 等树冠中等直立，介于树冠直立型品种和开张型品种之间。

2 根系

2.1 根系的发生

澳洲坚果根系约在实生苗子叶脱落时，即萌芽后 2～6 个月开始形成。其生成时，根系围绕根轴成行状一簇一簇排列。其中大多数根在同一时期形成，其明显作用是增大根系吸收面积，小根无再生力，长至 1～4 cm 就会密被根毛，根毛存活期内有吸收功能，约 3 个月根毛死亡脱落，大多小根系约 12 个月就消失。在大田里，根系的形成与季节性和温度、水分有关。

2.2 根系的分布

澳洲坚果虽属高大乔木，主根不发达，侧根庞大。冠幅 420 cm、7～10 龄树，近 80% 根系集中分布在 0～30 cm 土层中，30～50 cm 土层中的根系平均占根系总量约 20%，50～70 cm 土层中的根系平均占根系总量约 1%；离主干 50～100 cm 范围内，70 cm 深以下的土壤未发现有根系；离主干 150 cm 范围内，60 cm

深以下的土壤未发现有根系
生长；离主干 200 cm 范围
内，50 cm 深以下的土壤未发
现有根系（图 4-1）。根系的
水平分布绝大多数在冠幅范
围内。

因此，在生产管理中，
应注重冠幅下地表的覆盖措
施，以保护较浅生根系的生
长。10 龄树，肥料应施在树

图 4-1　澳洲坚果的根系

冠滴水线内 20～50 cm 区域的 30 cm 土壤深度范围效果较好。

由于澳洲坚果主根不发达，根系分布浅，在台风多发地区和山
口当风处种植常常造成植株倒伏。

2.3　山龙眼根的形成与功能

澳洲坚果与其他山龙眼科植物一样，在土壤缺磷或低磷时，在
侧根上产生典型的簇状须根，即所谓的山龙眼根。山龙眼根又称类
蛋白根（Proteoid Root）。1894 年，Adolf Engler 描述了生长在莱
比锡植物园一种不常见的山龙眼科植物根形态特征，这些根上有一
种簇生的发丝状长根结构。但直到 1960 年才被 Punell 所验证，命
名为类蛋白根，形态描述为在正常根上生长的紧密簇状小根。据报
道山龙眼根已经在桦木科（Betulaceae）、木麻黄科（Casuarinace-
ae）、胡颓子科（Eleagnaceae）、桑科（Moraceae）、蝶形花科
（Fabaceae）和杨梅科（Myricaceae）等家族发现有生长，除了山
龙眼科以外，其他科都可以固定大气中的氮。需要提及的是，不论
是根轴还是山龙眼根本身都曾经用类蛋白根、簇状根、根簇等词来
描述过，因此在阅读一些文献时应当注意（杜建斌，2005）。

澳洲坚果无论什么品种，都有不同程度的山龙眼根现象，但种
植在不施肥沙土中的澳洲坚果，其山龙眼根最多，且呈网状，多从
成熟根上产生。施肥的黏性土中种植的澳洲坚果，其山龙眼根较
少，多从靠近根先端产生，呈束状，如同试管刷，根长 0.13～
0.15 cm。山龙眼根在土层深度 10 cm 左右最多，20 cm 以下较少，

在瘦瘠沙土的分布几乎达到土表。高磷水平会抑制山龙眼根的发生，特别与土壤中的磷含量明显相关。磷素不足，澳洲坚果会表现明显的缺素症。

澳洲坚果山龙眼根表现为在侧根上的簇状根（图 4－2A），显微观察山龙眼根单根呈中空管状，内部无明显的根结构，没有木质部发育（图 4－2B）。一般长度较短，不超过 5 cm，直径接近普通根毛，少量略粗于根毛。簇状根比正常根的根表面积呈几倍至几十倍数增加，从而使其与土壤的接触面和吸收面积大大增加。通过对澳洲坚果山龙眼根内部结构的显微镜观察，可以看到，山龙眼根内部并不存在菌丝、孢子等菌根结构，山龙眼根并非菌根，而是正常根的一种变异形式。

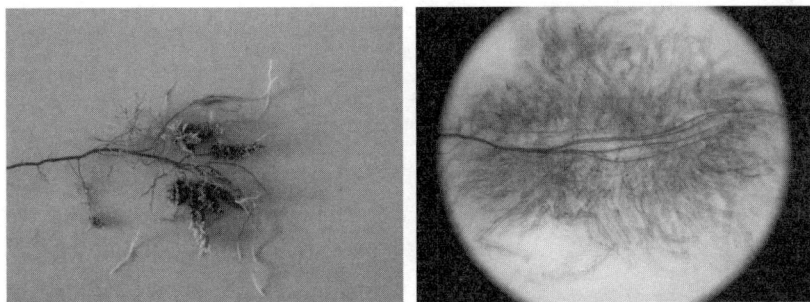

A. 澳洲坚果山龙眼根簇状结构   B. 澳洲坚果山龙眼根（显微镜观察）

图 4－2　澳洲坚果山龙眼根

研究表明，澳洲坚果山龙眼根的发生是在低磷情况下为增加磷素吸收而产生的一种被动反应，是根的一种生长适应保护措施。在其他营养保持正常水平、土壤低磷（≤50 mg/kg）的情况下澳洲坚果山龙眼根大量发生；在磷含量 50～300 mg/kg 条件下，山龙眼根有不同程度发育；在高磷土壤中（≥300 mg/kg）只有极少或没有发生（杜建斌，2005）。

山龙眼根的发生与澳洲坚果树体发育存在关联，在澳洲坚果山龙眼根大量发生时，植株生长表现为一定程度的生长减缓，表明此时土壤营养元素——主要是磷素，供应不足，植株根系出现应急反应——山龙眼根的发生。在土壤轻度缺磷时，山龙眼根可以有效地增加澳洲坚果根系对土壤营养元素磷及其他元素的吸收，表现为叶片的营养水平保持在正常的生长水平，澳洲坚果树体长势正常，发育良好。山龙眼根与澳洲坚果叶片的光合作用相关指标光合效率、蒸腾效率和胞间 CO_2 存在相关性，在山龙眼根大量发生时，澳洲坚果的光合效率、蒸腾效率下降，其原因应当与山龙眼根发生的机理有关——土壤磷素含量降低，而磷又是光合作用的重要参与元素（杜建斌，2005）。

3 枝梢和叶

澳洲坚果树直立，分枝较多，树枝圆柱形且有许多小突起（皮孔），树皮粗糙，无皱纹或沟纹，棕色，树皮切口呈暗红色。直径 30 cm 的主干皮厚 9 mm，木质坚硬。

梢的基部有一个明显无叶节，梢的顶部是发育未完全的叶，小而像鳞片，但这个节已形成了通常枝节内含的芽数量。每叶腋里有三个垂直排列的芽，这些芽与主枝同时抽发时，将出现 9（或 12）条枝，这种现象时有发生，但通常仅三叶轮生的顶上三个芽同时萌发。

三叶轮生，有时二叶对生或四叶轮生；长 12～36 cm，宽 2.5～5.5 cm；披针形、窄椭圆形或很长而窄革质；叶面光滑，叶缘全缘或边缘有疏离刺状锯齿；叶片两面的叶脉、侧脉和大量细网脉明显可见。

4 花

总状花序腋生，下垂，长 10～30 cm，有小花 100～300 朵，多者可达 500 朵。花的数量和花序的长度无紧密相关，花成对或 3、4 朵花为一组着生在小苞片腋的花梗上，花梗长 3～4 mm，在花序轴上有规律地间隔排列（图 4-3）。

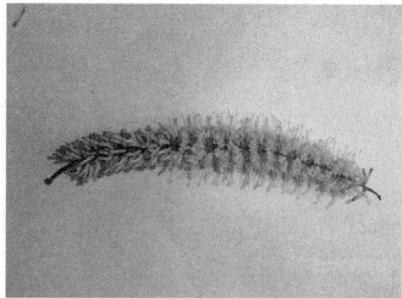

图 4-3 澳洲坚果花序

小花乳白色或紫红色，长 1～2 cm。两性花，不完全花，花无花瓣，由 4 个花瓣状萼片连接成管状花被，形如 4 片黄色细裂片，长 7 mm，宽 1 mm，花开时后翻，已开的花为白色。上位子房，子房上密生茸毛直至花柱下部、花柱上部无毛；子房卵形 2 室，顶部逐渐变成很细的花柱，花柱球棒状，顶部增厚。子房内含 2 个胚珠，通常仅一个正常发育成胚。花柱球棒状，顶部增厚。子房和花柱全长约 7 mm，雌蕊基部周边是一个不规则的无毛花盘，高约 0.6 mm，为联生下位（低于子房）腺体。柱头表面很小，乳状突起物不对称地排列在柱头顶端，并向下延伸到柱头腹缝线。4 枚周围雄蕊着生于子房旁边，花丝短。每枚雄蕊有 2 只长约 2 mm 的花粉囊，雄蕊在花被管约 2/3 处黏附在花瓣状萼片上。

5 果实（图 4-4）

蒉葵果，绿色，球形，直径 25 mm 或更大。绿色果皮厚约 3 mm，果实成熟时，果皮沿缝合线开裂，露出 1 只球形种子，少数情况为 2 只半球形种子，各在开裂的每一裂片内。

图 4-4　果实解剖特征

种子即常说的坚果、带壳果，圆形，咖啡色。非常坚硬，由 2~5 mm 厚的硬壳和种仁组成，种仁由两片肥大的半球形子叶和一个几乎是球形的微小胚组成，胚嵌在子叶之间种子靠萌发孔一端，由胚芽、胚根、胚轴组成。

果皮由一层深绿色、表面非常平滑的纤维状外果皮和一层较软而薄的内果皮组成，外果皮由薄壁组织（带有众多的具分枝的维管束）和表皮层（内含叶绿素细胞薄层）组成。内果皮的薄壁组织充满了像鞣酸似的黑色物，但无维管束，内果皮由白色转棕色至棕黑色，表明果实已成熟，这是生产上常用来检查果实成熟度的方法。

种子有种皮、种脐和珠孔。种皮由外珠被发育而来，并形成坚果的壳，且有明显的两层，外层厚于内层15倍，由非常坚硬的纤维厚壁组织和石细胞构成。内层有光泽，深棕色部分靠近脐点，约占内表面一半以上，而珠孔那一半像釉质，呈乳白色。棕色部分（在较宽的一端）具有扁平致密的细胞，像在果皮内层细胞一样充满一种棕色的沉积物。珠孔周围乳白色部分由外珠被的内表皮发育而来的细胞层组成，这层细胞类似未发育的内珠被。

第二节　生长发育特性

1　枝条生长

澳洲坚果四季均有萌芽抽梢，但在不同季节其抽梢情况不同。在适宜地区，幼树周年生长，年抽梢4～6次，包括1次春梢、2次夏梢、2次秋梢和1次冬梢。抽梢一般长30～50 cm，有7～10个节，生长旺盛的幼树或有些品种抽梢最长约1 m以上。平均每次梢从萌芽到老熟需要40 d左右，新梢老熟到下一次梢萌芽，其间隔平均18～28 d。

在广东湛江，初结果树每年抽梢3～4次，2月中旬至3月底开花前抽生整齐的春梢，5月下旬至6月中旬抽1次夏梢，因气温高，夏梢生长快，叶大，枝长，但生长时间短。7月中旬起抽生秋梢，一直持续至10月初，生长量大，但秋梢常常较细长、节疏、叶片狭长；成年结果树，一年主要抽3次梢，高峰季4月抽春梢，6月底抽夏梢，10月抽晚秋梢，此外，一年中每月均有零星抽梢现象。

7月中旬至8月下旬高温季节澳洲坚果生长缓慢，低温型品种如桂热1号、508和344等，这一时期的新梢常转色困难，出现叶片黄化的生理病害。12月底至翌年2月底，正常年份很少抽梢，即使有抽梢，生长也很缓慢。

　　收果后，若土壤水分充足，尚可抽生一次冬梢。在我国南部地区，澳洲坚果生长量会更大。在不修剪情况下，各次梢大都在前次梢上延伸生长。此外，一年中每月树冠均有少部分零星抽梢现象。

　　澳洲坚果的结果枝绝大部分是内堂 1.5～3 年生老熟枝条，初结果树尤为明显，少量结果枝是几厘米长的内堂小枝条。梢的基部有一个明显的无叶节，梢的顶部是发育未完全的叶，小而像鳞片，但这个节已形成通常枝节内含的芽数量。每叶腋里有 3 个垂直排列的芽，这些芽与主枝同时抽发时，将出现 9（或 12）条枝，这种现象时有发生，但通常仅三叶轮生的顶上 3 个芽同时萌发。

2　开花习性

2.1　结果母枝

　　澳洲坚果结果母枝主要是多年生枝和春梢，当年夏梢、秋梢和冬梢极少分化花芽。夏梢与幼果竞争养分，造成果实脱落增加，降低产量；冬梢消耗树体积累的光合产物，对全树花芽分化的数量和质量均有影响，故应采取措施抑制夏梢和冬梢。成年结果树仍以 2～3 年生枝和春梢结果为主，夏梢和冬梢量均较少。

2.2　花的发育

　　澳洲坚果花的发育可分 3 个时期。芽休眠期，花序延长期和开花期。在广东湛江地区，初花期在 2 月中下旬，盛花期在 3 月中旬，谢花期 3 月底至 4 月初，开花期和广西南宁地区相差 10～15 d。不同品种开花期也有差异，如品种 695，在湛江开花期比其他品种早，但谢花期迟，可作为其他品种的授粉树。

　　澳洲坚果为雄蕊先熟花，即花药先于柱头老熟。开花一段时间后柱头才开始有接收能力。据 Urata 试验，在 20％蔗糖琼脂上的花粉粒，在传粉后 1～2 h 即开始萌发，萌芽率高达 99.17％，在 17 个品种上，仅 2 个品种的萌芽率低于 95％。在自然状态下，开花后头 2 h 内，柱头上的花粉粒不萌发，最先萌发的花粉粒多在开花后 24～26 h，一直到 48 h 萌发量才增加。

　　开花前花柱先伸长和弯曲，其中段突破花管，花药在柱头上释放花粉粒。接近开花前，花管破裂、反转卷曲，花药与柱头分离，花柱伸直，花管脱落。

大多数澳洲坚果为自花授粉坐果，但澳洲坚果本身又具有较大程度的自交不孕性。研究表明自花授粉不亲和的那部分花是由于授粉后 2～7 d 内花粉管在花柱内的生长受阻碍造成的。2 个或 2 个以上品种混合种植，能提高产量。澳洲坚果的授粉昆虫主要是蜜蜂和食蚜蝇。

3　果实发育

3.1　果实生长发育进程

澳洲坚果子房内一个胚珠受精后，第二个胚珠受抑制败育。但偶尔也有在 1 个果实中发育成 2 个种子的，使种子成半球形。在广东湛江地区，澳洲坚果果实在花后 80 d 左右，生长最快，一般每旬直径增长 0.4～0.7 cm，以后增长极少；6 月下旬（花后约 110 d）即完全停止生长，在果实直径达到 2.7 cm 左右后生长即趋缓慢，最后直径可达 3 cm。品种之间生长量略有差异，年份之间因开花期的差异，生长时间也略有先后，但其基本趋势是一致的。

3.1.1　果实发育阶段

由图 4-5 可见，澳洲坚果果实的发育从形态上看基本可以分成 5 个阶段。

（1）如图 4-5A 中Ⅰ、图 4-5B 中 1、2、3、4 所示，果实直径在 1 cm 以下（花后约 30 d），果实外形已基本形成，从横切面看外果皮外部绿色，但内部呈黄绿色且具明显的条状纤维。果壳虽已形成，但仍软，呈白色。胚乳成透明糊状物且未充满果腔。

（2）如图 4-5A 中Ⅱ、图 4-5B 中 5、6 所示，果实直径 1.5 cm 左右（花后 40～50 d），这时果壳内层呈淡黄色，外层仍呈白色，子叶明显增浓成半透明糊状物，基本充满果腔。

（3）如图 4-5A 中Ⅲ、图 4-5B 中 7 所示，果实直径 2.0 cm 左右（花后 50～60 d），果壳内层呈黄色，果仁明显可见，呈乳白色。

（4）如图 4-5A 中Ⅳ、图 4-5B 中 8、9、10 所示，果实直径 2.5 cm 左右（花后 60～70 d）果壳加厚，种仁已较丰满，充实。

呈乳白色，有光泽，顶端微凸，底部微凹。

（5）如图 4-5A 中 Ⅴ～Ⅶ、图 4-5B 中 11～15 所示，果实直径 3 cm 左右（花后 110～140 d），外果皮变薄，具黄褐色内层，果壳颜色明显加深变黑褐色、质地坚硬，顶端具白色发芽孔。果仁乳白色，坚实硬化。

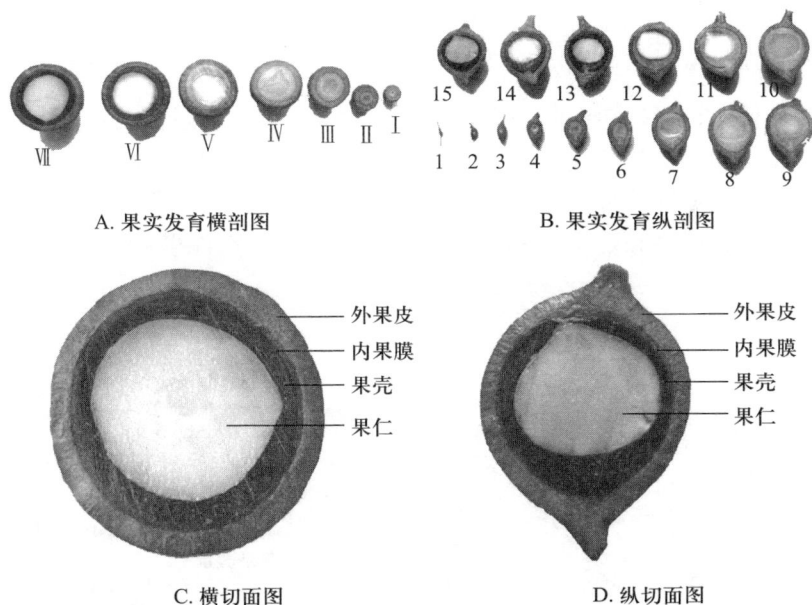

A. 果实发育横剖图　　　　　　　　B. 果实发育纵剖图

外果皮
内果膜
果壳
果仁

外果皮
内果膜
果壳
果仁

C. 横切面图　　　　　　　　　　D. 纵切面图

图 4-5　澳洲坚果果实发育示意图

澳洲坚果果实成熟时外果皮纵裂成两半。果壳发芽孔明显，表面有微凸条纹。果仁乳白色，上部较平滑，下部较粗糙，有纵行突起条棱。

3.1.2　落花落果

果实发育期间，大量果实脱落是该果树的一个特点，也是各国澳洲坚果产业面临的重要问题。在每个花序所生的 300 朵花中，最初有 6%～35% 的小花坐果，而仅有 0.3% 的花能发育为成熟的果实。花和未成熟果的脱落，可以分 3 个时期。

（1）花后 1～14 d 内，授粉而未受精的花迅速脱落。剩下的初生果有膨大的子房，它们中大多已经受精。

(2) 花后 21～56 d 初期坐果迅速脱落。

(3) 花后 70 d 到 116～210 d 果熟时，较大的熟前果实逐渐脱落。

在广东湛江地区，已受精有膨大子房的初生果至成熟收获前落果，主要在 5 月以前，花后 50～80 d，这时落果数占总落果数的 2/3；7 月末至 8 月中旬，花后 120～150 d，又有一个落果小峰期，这时的落果数占落果总数的 1/4～1/3。

普遍认为，澳洲坚果生理落果的原因是营养问题，幼果量大的花序比幼果量少的花序落果严重，相同品种植株间也存在这一普遍现象。据中国热带农业科学院南亚热带作物研究所的研究表明，果实的生长高峰和落果高峰非常吻合（图 4-6）（许惠珊等，1995；徐晓玲等，1996）。

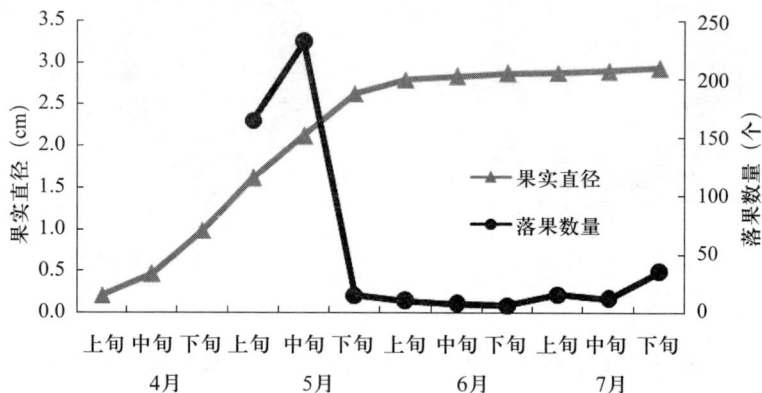

图 4-6　澳洲坚果果实生长与落果曲线

除生理落果外，温度和缺水亦会影响未成熟果的脱落，台风危害也会引起落果。随着温度的升高，熟前果发生脱落的频率较高，在坐果后头 70 d 内，高温 30～35 ℃ 比 15 ℃、20 ℃、25 ℃ 会刺激未熟果的脱落。相对湿度低亦会加重因温度升高对落果的影响，特别是在坐果初期 35～41 d，受缺水影响的植株，也会出现大量的果实脱落。在果实发育初期，偶尔的干热风出现，也会加剧落果。生长调节物质对澳洲坚果落果的影响，世界各国都做了大量研究工作，至今仍未能在生产上推广应用。

3.2　果实发育过程中养分变化

3.2.1　粗脂肪含量变化规律

澳洲坚果从坐果至成熟大约需要215 d，开花期后30周果实成熟时，坚果的果仁含油率为75%～79%。从花后90 d开始，随着果龄的增加，果仁含油量不论以鲜重百分率还是干重百分率表示，均表现为逐渐增加之势，其中花后150 d之前为油分积累最迅速时期（图4-7）。各品种油分积累的速度略有差异，660和246的油分积累在前期较快，花后120 d时，已分别达到54.94%和43.30%，而H2和508则分别只有32.59%和36.13%。到花后150 d时，各品种均能达到60%以上，果实完全成熟时油分均在72%以上，达到一级果仁含油量的标准。成熟果中，油分含量较高的为H2达到81%。

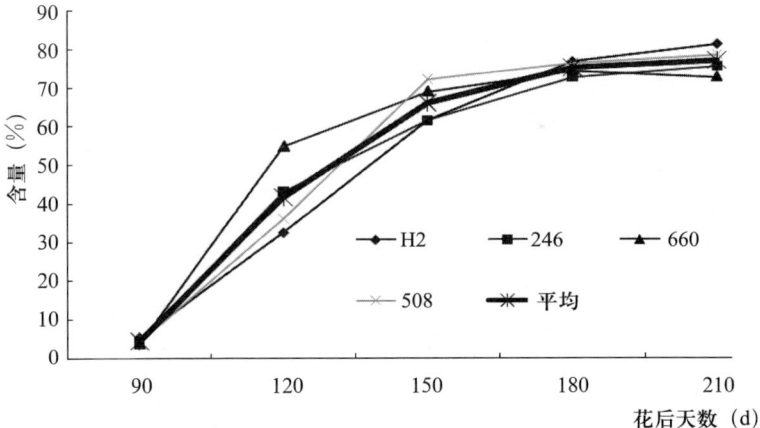

图4-7　澳洲坚果果仁油分含量占干重（dw）百分率

3.2.2　粗蛋白的含量的变化规律

花后90 d以后，随着果龄的增加，粗蛋白含量占干重的百分率，表现为逐渐递减之势，花后90～120 d，蛋白质占干重的百分率从30%左右下降至10%左右，为速降期（图4-8），各品种的具体含量略有差异，但下降趋势是相同的，最终成熟果中粗蛋白含量为 8% 左右。

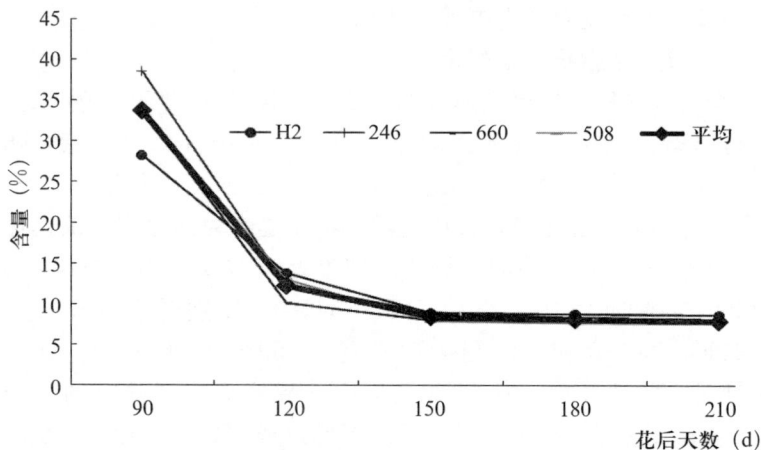

图 4-8　澳洲坚果果仁粗蛋白含量占干重（dw）百分率

3.2.3　水分的变化规律

花后 90 d 以后，随着果实的发育，果仁中水分逐渐减少，干重率不断提高，其中 660 品种在前期干重率增长较快；花后 120 d 时，其干重率已达 38.70%。果实成熟时，各品种的果仁干重率稳定在 70% 左右（图 4-9）。

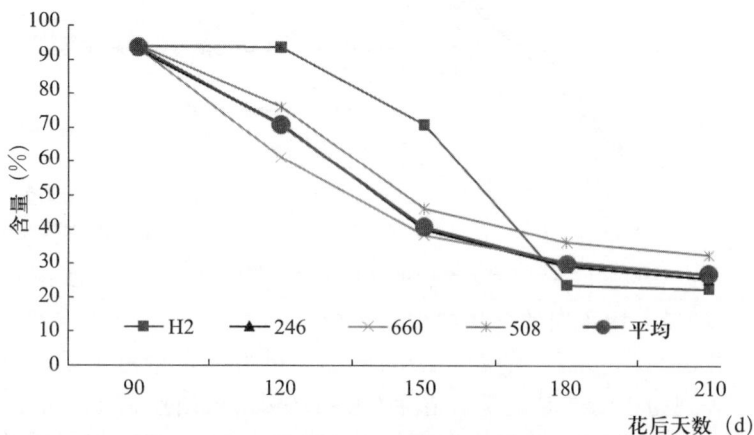

图 4-9　澳洲坚果果仁水分含量占干重（dw）百分率

3.2.4 糖分含量变化规律

花后 90~110 d，果仁中还原糖、蔗糖及糖总量均为递增的趋势；110 d 后，还原糖和蔗糖含量均迅速下降，至花后 150 d 时，已检测不到还原糖的含量。而蔗糖含量也降至 8% 左右（以干重百分率计）。果实成熟时，果仁含糖量为 4.8% 左右。H2 和 246 品种含糖量无显著差异（图 4-10）。

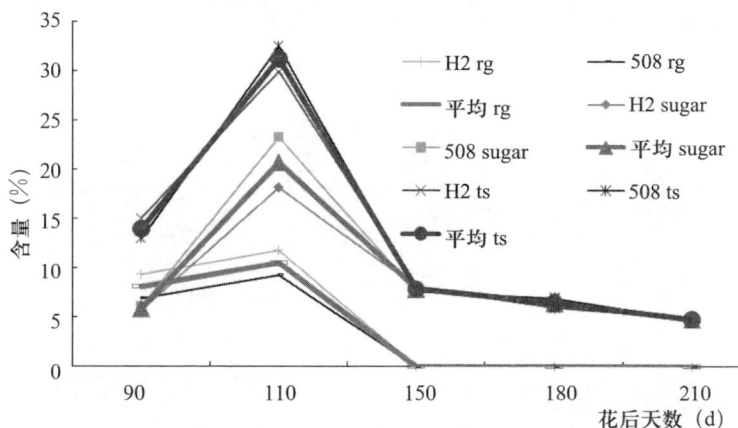

图 4-10 澳洲坚果果仁还原糖（rg）、蔗糖（sugar）、
总糖（ts）含量占干重的百分率变化

第三节 对环境条件的要求

1 温度

澳洲坚果较耐寒，幼树可忍受−4 ℃低温，霜期 7 d 而完好无损（陈作泉等，1995），成年树能耐−6 ℃短暂低温，不致受冻害（Stephenson，1989），然而，尽管在纬度 0°~34°有澳洲坚果种植，但澳洲坚果商业性生产最好在 13~32 ℃的无霜冻地区发展。澳洲坚果在 10~15 ℃时开始生长，20~25 ℃生长最好，而在低于 10 ℃或高于 35 ℃时，生长停止。在 30 ℃高温下，508、344 和桂热 1 号等系品种，正在发育的叶片常出现黄化现象（图 4-11）。

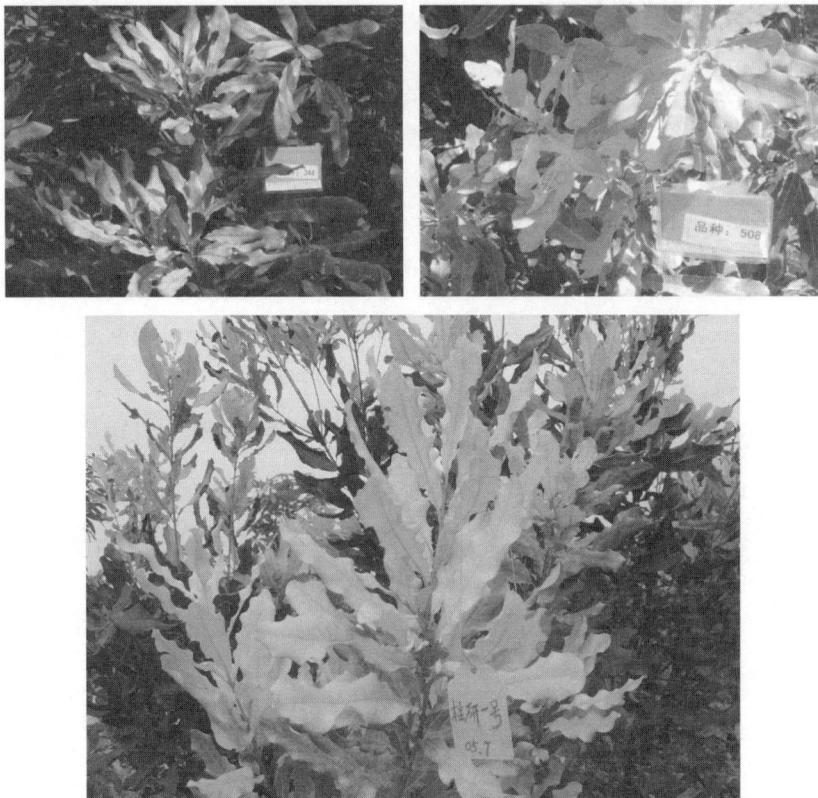

图 4 - 11　部分品种的高温黄化现象

　　花芽分化最适夜间温度为 15～18 ℃，根据温度不同，花芽分化需 4～8 周完成，花芽分化并变得可见后，则进入芽休眠期、花序延长期和开花期。在坐果后 10 周内，高温 30～35 ℃，比 15 ℃、20 ℃和 25 ℃更刺激未熟果脱落，因为温度超过 26 ℃，光合作用效率突然下降，同化物质缺乏。在果实完成迅速膨大和油分积累后，温度为 25～30 ℃时使果仁生长较快，果仁率较高；在 25 ℃时，油分积累最迅速；在 15 ℃和 35 ℃时，果仁生长、出仁率和含油量低。高温条件下，果仁重量和出仁率下降，表明净同化积累较少。在 35 ℃时，绝大多数果仁质量低劣，含油量低于 72%，在果实发育后期，极度高温反而影响果实生长和油的累积，导致果仁质量差。

2 降水量

年降水量以不少于 1 000 mm 为宜，且年分布均匀。在澳洲坚果原产地区，年降水量约 1 894 mm，在夏威夷澳洲坚果生长最好的地区，年降水量为 1 270～3 048 mm。过分干旱，则植株生长慢，产量也低。干旱会导致果实小，果仁发育不良。因此，在年降水量低于 1 000 mm 的地区，须考虑提供灌溉条件，即便是年降水量大，但分布不均匀，如在植株开花初期的 5～6 周果实发育时期缺水，也会出现大量果实脱落。果实成熟前 3 个月，适宜的水分对增加果实的大小和重量有重要作用。

3 土壤

澳洲坚果在各类土壤均能生长，但适宜土层深厚、排水良好，富含有机质的土壤。商业性栽培土层深度至少达 0.5～1.0 m，且土壤疏松，排水良好。澳洲坚果在土壤 pH 5～5.5 生长最好，在盐碱地、石灰质土和排水不良的土地，则生长不良。

4 风

澳洲坚果树冠高大，根系浅，抗风性差，商业栽培应选择无风害的环境种植。在有风害的地区要特别注意宜植地的选择和防风林的配置。在平均风力低于 9 级、阵风低于 10 级，无强热带风暴出现的地区，可选择避风地域配置防护林种植；在平均风力超过 9 级，阵风达 11 级，有台风出现的地区，不宜大面积发展（陆超忠等，1 998），抗风性较好的品种有 OC、344、741、660、333 等，而 246、800、508、H2 等则抗风性差。

在大风地区，定植前应建立防风林障，风可灼伤新梢，大大降低生长速率。必要时应在迎风面种植防风林带，如种桉树林或松树林，在平地果园防风效果明显，但对边缘行间果树的生长有一定影响，且在坡地或不规则地形条件下实际作用有限。澳大利亚认为在行间种牧草是减风的好办法，在植株封行后，澳洲坚果园的抗风能力有所增强。

第五章 栽培技术

第一节 育苗技术

澳洲坚果除了实生选育种或园林观赏而种植实生树外，商业性生产都种植优良品种的嫁接苗或扦插苗，嫁接和高压育苗法由于操作上的限制，极少用于大规模的育苗生产。

1 实生育苗

实生繁殖目前虽有应用，但主要是用于培育砧木供嫁接育苗使用。

1.1 种子处理

实生育苗一般种子越新鲜越好。种子在温室下贮藏 3 个月后发芽率将迅速下降。贮藏时间越长，种子发芽率越低。经贮藏后的种子，在播种前，须用干净清水浸泡 1～2 d（若种子太干，最长需浸3 d），去掉浮出水面的劣种，沉在水中的种子再用 70％甲基硫菌灵1 000 倍液浸泡 10 min，然后播种。

1.2 播种

播种催芽床至少 20 cm 厚，以干净河沙或疏松排水性好的生泥土作为基质材料。上一年使用过的催芽沙和泥土，不能重复使用，以免真菌繁殖影响发芽率。种子最后经 70％甲基硫菌灵 1 000 倍液处理后条播在催芽床上。催芽床长 12～15 m，畦宽 1 m，两畦间和四周排水沟规格应为宽 30～40 cm、深 25 cm。

播种时种子的腹缝线朝下，种脐和萌发孔在同一水平面，即与地平线平行播在浅条沟上，种子间相隔半个种距离，通常 1～2 cm宽，条沟之间相隔 5 cm，播后用沙覆盖厚约 2 cm。若播种过深，由于缺乏空气易于腐烂，发芽率较低。

1.3　播种后的管理

播种后催芽床要用 50％～70％ 遮阳网遮阴。注意经常淋水，保持苗床土壤湿润。在播种后第 1 周保湿尤为重要，种子必须吸足水分，发芽时才能自由开裂。播种后种子萌芽的时间长短依湿度和种子种壳厚薄不同而先后有异。快的 2～3 周即有种子发芽，通常要 3～5 周，全部种子发芽要持续 6～8 周，在温度低于 24 ℃时持续时间更久。播种后要特别注意防鼠和蚂蚁的危害。

1.4　移栽

1.4.1　苗床准备

育苗床规格应为长 12～15 m，畦宽 1 m，土层至少 30 cm 厚，两畦间和四周排水沟规格应为宽 30～40 cm、深25 cm，以方便苗木正常生长和便于田间管理及嫁接操作。

育苗床基肥以有机肥为主，使用量以每 667 m^2 施 600 kg 为宜。堆肥、厩肥、饼肥等有机肥料须经过充分腐熟后才能施用，基肥不宜使用无机磷肥作为基肥。

重复使用的育苗床，移苗前应根据具体情况分别采用阳光曝晒、药剂消毒、烧土等方法进行土壤处理。

1.4.2　移栽

当播种催芽床绝大部分幼苗前两轮叶已稳定硬化，即可把苗移入育苗营养袋或实生苗床，移苗不宜过早或在抽生新梢时进行，否则成活率低，应选择阴天多云天气或晴天下午 4 时后才进行。有条件的最好在移苗后拉上 50％～70％ 遮阳网遮阴 3～4 d。

袋装苗的移栽：把第二轮叶已经稳定硬化的幼苗移栽在营养袋上进行管理，袋装实生苗经嫁接后出圃。小袋规格为 18 cm×25 cm，大袋规格为 25 cm×35 cm。营养土以排水良好的土壤和腐熟的锯屑有机肥，按 3∶1 混合。每四袋为一行排列以便嫁接操作，袋的 2/3 埋于土中，上部 1/3 和袋之间的空隙用土覆盖填充。幼苗上袋时，须保持根系舒展，回土稍压实后，充分浇定根水。

地栽苗的移栽：把第二轮叶已经稳定硬化的幼苗移栽在实生苗床上进行管理，实生苗经嫁接达到出圃标准后，提前装袋、炼苗，稳定后出圃定植大田。育苗床选择在交通方便、地势平坦，水源充足、排水良好的地方，土层厚应不少于 50 cm，土壤最好为微酸性的沙壤土、壤土类型。移苗前催芽床及实生苗床均需提前 1～2 d 浇水。移栽时株行距 15 cm×20 cm，根系舒展。回土稍压实后，充分浇定根水。

1.5　实生苗管理

移栽后立即充分浇定根水，及时遮阴并随时喷水保苗。移苗初期注意防鼠害。幼苗稳定后前两个月，每 15 d 浇稀薄水肥 1 次，以氮肥为主并及时补苗。追肥以氮、钾肥为主，氮磷钾比例以13：2：13为宜。每隔一段时间修剪幼苗，只留单一主干。

2　嫁接育苗

澳洲坚果的木质脆硬，皮薄，比其他果树难于嫁接。

2.1　嫁接前苗床管理

实生苗在苗床生长 8～12 月后，即可达到嫁接标准粗度。实生苗生长健壮，高 25 cm 处径粗 0.8～1.2 cm 最适宜作为砧木。嫁接前一个月苗圃应全面施一次水肥，并做好除草修枝和苗床修复整理，嫁接前 10 d 喷药 1 次，进行病虫防治清理工作。嫁接前 3 d 淋足水分。

2.2　嫁接季节

嫁接繁殖的最佳季节是在晚秋至早春季节，其他季节嫁接效果不佳。

2.3　接穗选择、处理和贮藏

接穗宜采用老熟充实、节间疏密匀称的枝条，枝皮呈浅褐色至灰色，有突起皮孔。皮色呈棕红色则太过老熟、呈淡灰绿色则太过幼嫩，均不宜作接穗。接穗采下后，从叶柄处剪去叶片，但不宜用手剥离，以免伤及叶腋的芽。枝条剪成 20～30 cm 长，分小捆包扎挂好标签。然后用 70％甲基硫菌灵 1 000 倍液处理 10 min 稍晾干，用经药剂处理过的湿润干净毛巾包裹保湿即可长途运输。接穗最好随采随用，若需贮藏，最好放在 6 ℃低温下效果更好。嫁接前将处理好的接穗剪成带 2、3、4 节位的小段，据中国热带农业科学院南亚热带作物研究所的试验，以带 4 节位的接穗嫁接成活率最高，其次是 3 节位，2 节位的接穗一般适用于 1～2 月嫁接用。

2.4 嫁接方法

澳洲坚果采用的嫁接繁殖方法多种多样。各种植区习惯和推广使用的方法各不相同。在我国澳洲坚果植区最普及的方法是劈接嫁接法和改良切接嫁接法。

2.5 嫁接后管理和起苗

嫁接后要注意防止碰伤，同时及时防治蚂蚁，尤其是秋季干旱时节嫁接，蚂蚁常常咬食接穗密封材料。注意随时淋水保湿。及时抹除砧木上的萌蘖，接穗上长出的芽第一轮叶稳定后，即可开始疏芽工作，一株嫁接苗只留 1～2 个健壮枝条发育成主干，其余的剪除掉。大部分苗开始抽芽后即可开始施水肥。在防虫防病过程中，可加入叶面肥喷施，以促进幼苗的快速生长。

待嫁接苗第二批新梢稳定后，接穗抽生的新梢长最少达 30 cm 以上，地栽苗即可挖苗装袋。起苗时，对根系可做适当修整，同时剪去多余的枝条及枝条幼嫩部分，浆根后，装入 18 cm×25 cm 规格的营养袋，集中放置，并搭 50%～70% 遮阳网遮阴。上袋初期 7～10 d，要注意对叶面喷水保湿，1 个月后植株生长稳定长出新根即可出圃定植。

3 扦插育苗

澳洲坚果主根不发达，嫁接苗与扦插苗根系差别不大，生产上也常常用扦插育苗进行繁殖。

3.1 扦插床

扦插苗床可以用砖砌成宽 1 m、高 20～30 cm、长 10～12 m 的插床，床的四周留下足够的排水口，插床上加 20 cm 后的干净的中粗偏细河沙。

搭盖遮光度 50% 的荫棚，高 1.8～2.0 m，顶部安装弥雾式微喷水系统，四周用遮阳网及塑料膜作为挡风墙。有条件的可以在苗床的底部安置加热系统，以提高扦插成活率。

3.2 插条的选择、处理与扦插

在树体糖类积累最高时采用插条，一般选择灰白色已木栓化的老熟充实的枝条，粗度为 0.5～1.0 cm 最佳。从母树采下枝条，插条剪成约长 15 cm，3～5 节，上部留 2 轮叶片，下部叶片全部剪去，基部经 300～2 500 mg/L 吲哚丁酸溶液浸 30 s，晾干后插入苗床 8～10 cm 深。

3.3 沙床管理

扦插后立即充分喷水（雾化），插后第 2 天淋水 1 次，使插穗与沙充分接触。插后要保持叶面湿润，经常抽查插穗切口湿润状况，从而调节喷雾时间长短，插后 2～3 个月内经常抹除插穗抽出的新芽。插穗长出愈伤组织后，酌减喷水。2 个月后，每 2 周施叶面肥 1 次，3 个月后撒施 NPK 复合肥。定期喷杀菌剂，防止植株感病。待苗抽生新梢 20～25 cm 长，稳定后即可转移至营养袋内管理，并适当补充光照和生长发育所需的各种养分。待苗高 50 cm 以上，至少抽生梢 2 次并稳定后方可出圃。

第二节　定植与管理

1　品种配置

澳洲坚果自花授粉可以结果，但又有较高的自交不孕性。品种间混种、异花授粉的产量要比单一品种连片种植的产量要高。目前在品种搭配种植时，均按 1∶1 或 2∶2 的方式安排，隔行安排种植搭配品种，采收时可以分不同品种收获。

在品种搭配中，要注意避免来自相同父本或母本亲缘关系的品种种植在一起，如 246 与 800、790、835；660 与 344、816、915；D4 与 A4、A16；OC 或 D4 与 Greber Hybrid 等品种，每一组品种内互相有亲缘关系，搭配效果不佳。

2　苗木定植

澳洲坚果属高大乔木树种，经济寿命 40～60 年。一般种植密度每公顷 375～450 株，株距 4～5 m，行距 5～6 m。直立型品种如 344、660、741 等可种密些，开张型品种如 246、800、OC 等可种疏些。在实行机械化管理的果园，一般种植密度，直立型品种株行距为 4 m×（7～8）m，每公顷 312～357 株，开张型品种采用的株行规格为 5 m×（9~10）m，每公顷 200~222 株。

澳洲坚果在相对低温、空气相对湿度大的低温潮湿季节生长最好。在我国桂南和粤西地区，最佳定植时期是春季，其次为冬季，秋末初冬若生产用水充足，有覆盖保证时定植成活率也极高，在桂南和粤西地区，夏秋季高温季节定植不佳。而在云南植区干湿季明显，定植季节一般安排在 6 月底至 9 月。

种植时，先在植盘中心挖一个小坑，坑的深度以把苗放入坑中，袋苗的营养土顶部与植盘面水平为宜，然后撕去袋装苗的塑料袋，由于澳洲坚果苗的根系较幼嫩极易被弄断，定植时动作要轻，填土时可适当用手压实，使土壤与根系良好接触，不要用脚踏，以免压断幼根。植后即淋定根水。

3　定植后的管理

植后要及时淋定根水，修复植盘，平整梯田，加草覆盖盘面。旱季要适时淋水，雨季及时疏通排水沟，在风害地区，可给幼苗附加抗风支架以提高抗风力，防止倒伏。定植成活后应及时解除嫁接苗接口处的薄膜，同时随时注意清除接口下砧木萌生的芽。澳洲坚果植后一般 20~25 d，即长出大量新根，30 d 左右即抽生新梢；从定植到第一批新梢老熟约需 70~80 d，因此，植后20 d 左右安排第1 次肥为宜，以后每隔 15 d 施水肥 1 次，直至第 1 次梢稳定老熟。每次每株肥料用量尿素 10 g，复合肥 15 g，把肥料充分溶解于 8~10 kg 水中浇施。

第三节　土壤管理

1　施肥

澳洲坚果每年从土壤中吸收大量营养物质，不断消耗土壤肥力，需要通过施肥加以补充。澳洲坚果园的施肥，要根据坚果生长结果习性、树势、结果量、肥料种类、气候环境及其他管理条件，综合考虑，力求做到施肥科学、合理，也就是做到适时适量，保证肥料种类、施肥方法的正确。

对 1～3 龄幼树，为促使幼龄坚果树快速生长，肥料的施用应与枝梢生长物候相结合。幼树的施肥时期一般以一梢两肥施肥较合理，即促梢肥和壮梢肥，此外，每年在春梢前和植株生长相对缓慢的 7～8 月施有机肥，即铺肥和压青。各时期施肥的用量见表 5-1。

（1）促梢肥　在梢萌芽前 1 周至植株有少量枝梢萌芽期间，施尿素促梢。

（2）壮梢肥　在大部分嫩梢抽长 7～10 cm 至梢基部的新叶由淡绿变深绿期间，施用复合肥和钾肥壮梢。

（3）铺肥　从 2 龄树开始，每年在春季生长高峰来临前，即春梢前进行铺肥。

（4）操作方法　肥料预先堆沤腐熟，2 龄树在树冠滴水线挖环状沟；3 龄树挖半圆形沟；4 龄树挖沟长达树冠圆周 1/3。各种沟宽和深各 30 cm，沟的内壁以见根为宜，避免大量伤根，然后用腐熟肥和土拌匀回沟。

表 5-1　澳洲坚果幼树各时期施肥用量

树龄（年）		1	2	3	4
促梢肥（g/株·次）	尿素	40	50	75	100
壮梢肥（g/株·次）	复合肥（N∶P∶K=13∶2∶13）	30	40	50	75
	氯化钾	20	20	30	50
铺肥（kg/株·次）	猪粪		7.5	15	15
	饼肥		0.25	0.50	0.75
	石灰		0.15	0.15	0.15
压青（kg/株·次）	绿肥		25	25	25
	猪粪		7.5	15	15
	饼肥		0.50	0.75	1
	石灰		0.25	0.25	0.25

（5）压青　从 2 龄树开始，每年 7～8 月在植株生长相对缓慢季节进行压青改土。在树冠滴水线下挖长 1 m，宽 0.4 m，深 0.6 m 的压青坑。坑靠植株一边的内壁以见根为宜，避免大量伤根，然后用绿肥和预先堆沤腐熟的肥料分层回坑，而用挖出的心土覆盖

做成土墩，据广西华山农场对澳洲坚果压青后第 37 天抽查，结果压青坑内已有大量 3～7 cm 长的新根，新根白嫩健壮，根毛发达。

进入初结果期以后，施肥则应于开花结果、果实发育的不同阶段补充营养。据中国热带农业科学院南亚热带作物研究所对坚果树年养分变化测定结果认为，按结果树的物候可分为五个施肥时间。

（1）花前肥（2 月初）　1～3 月是果树抽穗开花季节，对氮、磷需求较多。在抽穗前期施以有效氮为主，配合磷钾肥，以提供抽穗开花的营养需要，提高花质，促进开花结果。

（2）谢花肥（3 月中旬）　谢花后要及时施肥补充营养，为将要发生的幼果速长和抽生春梢大量的营养需要做准备。以氮磷钾复合肥为主，适当增施小量氮。

（3）保果壮果肥（4 月底）　在 5 月叶片含氮量降至全年最低值，叶片中氮、磷、钾均明显下降之前的 4 月底，增施一次氮磷钾复合肥补充营养，以起到保果壮果作用。到 7 月叶片氮、磷、钾含量均明显下降，磷、钾降至全年最低值，而出现第二个落果小高峰，因此，在 6 月中旬应施第 2 次保果壮果肥。这两次壮果肥的施用，要适当控制氮的用量，以免引起树体营养生长过旺盛，而造成减产。

（4）果前肥（7 月底至 8 月中旬）　由于果实油分的积累和抽生枝梢的营养消耗，果树挂果量越大，树体表现的缺肥就越突出，植株叶片色泽变浅绿，因此，这时要增施 1 次肥料，以保持植株健康生长，减少收获前非成熟果提前掉落，同时可以提高果仁质量，果树进入收获期后，因果实成熟从树上掉落后定期集中收拣的，从收获期开始到结束长达一个多月，在进入收获季前安排这次果前肥，既可以补充前期消耗的营养，也可以保证收获季节不便施肥期间植株的营养需要。

（5）果后肥（10 月初）　由于收获季长达一个多月，树体消耗营养量较大，随之而来的是下一次活跃的营养生长，加之花芽分化亦需要营养，因此，在收获后对树体进行修剪前，宜施一次果后肥，以便植株迅速恢复生势，提供树体抽梢营养。

结果树在春季气温回暖，根系恢复生长、花穗抽生之前施一次腐熟的有机肥，以农家肥为主、豆饼和氮磷钾复合肥为辅。有机肥肥效长，提前在抽穗开花前施用，可以为花期和幼果迅速增长期提供养分，又能起到改善土壤物理和化学的性状。

2　其他土壤管理措施

定植后的澳洲坚果幼苗，天旱时需淋水保湿，以保持植盘土壤潮湿为宜，在开花结果期若缺水，会影响开花质量，导致落果减产，影响果实油分积累减低果仁的质量，因此，从果树开花至澳洲坚果成熟这段时期都应防止缺水。在有些地方地势低，或地下水位高，在雨季易积水，影响植株生长或导致死亡，在雨季要经常检查发现积水应及时排除。

澳洲坚果根系分布较浅，果园杂草滋生会严重影响植株的生长，每年果园应除草3～4次，并结合施肥，在每次施肥前把树冠范围内的杂草除去，然后施肥。行间杂草，可视果园情况，使用化学除草剂进行除草。提倡周年盖草，尤其是幼龄树，盖草能保水，均衡土温（夏凉冬暖），减少杂草滋生，增加土壤有机质，防止土壤板结，保持土壤团粒结构和通气性，有利于根群活动。有条件的地区，尤其是幼树在入冬前和高温季节来临前，都应及时补加草。

澳洲坚果非生产期长，行间距离宽，幼龄果园在行间封行前，为经济利用土地，减少杂草生长和水土流失，行间可种短期作物如蔬菜、花生、豆类、短期水果或绿肥植物等，但不宜种植消耗地力的作物或攀援性强的作物，同时注意间作物最少要离树盘1 m以上，以免影响植株的生长和妨碍田间管理操作。利用间作物绿肥如花生苗或豆秆作为肥料进行覆盖或压青，起到土壤改良的作用。

第四节　整形修剪

1　合理留梢整形

从澳洲坚果枝条的组织结构来看，澳洲坚果无论是三叶轮生的光壳种或四叶轮生的粗壳种，每个叶腋里都垂直并排有3个芽，当枝条被截顶后，上面 3 个腋芽（若为粗壳种则 4 个腋芽）将直立生长，这个芽健壮偏角小，较适合培养成主干；若这个芽被截去，其下部位的芽萌发抽生，与主干的偏角较大，与主干的接合部位不易被撕裂，最适合充当主枝；如果第 2 个芽被截去，其下部位的芽则萌发抽生，这个芽则将近似水平状向外生长，且生势稍弱。根据这一特性，对幼树进行合理放梢整形。

通常，第一次促主干分枝是在主干离地面 50 cm 左右开始，随后每隔 40 cm 左右，就促使主干水平分枝 1 次，形成层次性树冠，便于花期着生于内膛枝的总状花序悬垂生长，从而提高坐果率。

澳洲坚果的结果枝为 18～24 个月龄的内膛小枝和弱枝。正常生长的幼树最初开花结果的枝是由下算起的第 4 级和第 5 级及其以下低分级的内膛小枝条。而同一品种同一树龄的树，若在这些级数上无结果枝，植株明显地推迟到下一年在上一级的结果枝开花结果。因此，当促进幼树分枝的同时，应注意多留下辅助枝，即来年的结果枝。

2 修剪

澳洲坚果的结果部位随树龄的增长，由内膛从低部位往高部位，从树冠内层往外层扩展。

2.1 幼龄非结果树修剪

在幼树生长期进行摘心短截，促其分枝；冬季则以疏剪为主。定植后初期注意抹除砧木部位萌生的芽，平时注意摘除结果枝上的萌芽。

对树冠过密的幼树，如 OC、246、800 等树冠密集型品种，冬季清园修剪，疏去交叉重叠枝、徒长枝和枯枝及病虫为害枝。同时要特别注意保留内膛结果枝。而树冠低部位枝是初产期的主要产量来源，幼树至初产期宜提倡保留这些枝，待结果部位上升后再予修剪。

对树冠直立生长、枝条健壮、少分枝的幼树，如 344、741、660，冬季清园修剪要注意短截，促其分枝，引导树冠横向扩展，冬季在树冠顶部截顶开"天窗"，抑制顶端优势。冬剪时也要注意避免在内膛部位留下残桩，以免第二年春残桩萌发大量的丛枝或徒长枝，使内膛严重荫蔽。修剪量大于植株再生量时，严重影响植株的生长，因此，每次修剪时要注意掌握修剪量，修剪掉的枝叶量以不超过树冠的 1/3 为宜。

2.2　结果树的修剪

结果树收果后，在入冬前必须进行清园工作，主要疏除清理病虫枝、枯枝、交叉重叠枝以及内膛的丛生枝、徒长枝和落果后遗留在结果枝上的果柄。

对生长茂盛、树冠密集的树，在树冠顶部适当截顶开"天窗"，下部除去影响作业的下垂枝。对树与树之间已封行交叉的树，进行适当的回缩修剪。

对生势衰弱、枝叶稀疏的树可实行回缩更新枝条，但要避免因回缩更新修剪后主干严重裸露被阳光直射，甚至干枯死亡。在回缩更新后，再生萌发的枝条要及时进行疏芽定梢、摘心短截等整形工作，避免任其自然生长而形成丛生枝或徒长枝，降低结果能力。

第五节　保花保果

澳洲坚果花量大，据统计，一株 15 龄的澳洲坚果树，花期约产 1 万个花序，每个花序有 100～300 朵小花，然而，最初有6％～35％小花坐果，最终只有 0.3％～0.4％的花能发育成成熟的果实。澳洲坚果幼果落果严重，通常在花后 3～8 周，80％以上初期坐果将脱落。世界各产区都在针对澳洲坚果落果严重的问题广泛地开展研究工作，寻找对策，并取得了一定成果。

据营养测定，在植株体内营养出现最低值前，提前补充养分，同时注意在结果期避免营养生长过盛，防止营养生长与果实发育产生严重的营养竞争，对保果起有效作用。

澳洲坚果果实在 6 月中旬以前，生长增大最迅速，果实大小基本定型，此后是油分积累的过程，因此幼果发育阶段加强保果措施显得较为重要。Williams（1980）研究表明，单独使用低浓度（1 mg/kg）萘乙酸（NAA）可使澳洲坚果幼果坐果率提高 35％左右，但单独使用环割来提高坐果率效果不显著，采用摘梢去顶措施没有效果。对品种 246 和 508 喷施 0.02％硼砂可以提高叶片硼的含量，并使澳洲坚果获得增产效果（S. B. Boswell 等，1981）。使用多效唑（PP$_{333}$）对增产也有显著作用（Ferreira 等，1995）。施用比久（B$_9$）有增产 10％的记录，在盛花期或花后连续两年施用 1％的 B$_9$ 可获得 3 年增产的效果（Milk A. Nagao 等，1992）。夏威夷大学报道，使用赤霉素处理个别花序没有作用效果，萘乙酸在 1.0 mmol/L浓度下刺激幼果脱落、在 0.01 mmol/L 和 0.1 mmol/L 浓度下没有效果，2,4 - D 在 0.01 mmol/L 和 0.1 mmol/L 浓度下暂时抑制幼果脱落、重复施用则刺激脱落。在夏威夷和澳大利亚的果园都采用放蜂来提高授粉率，对产量增加有较好效果。在夏威夷和澳大利亚的果园都采用放蜂来提高授粉率，对增加产量有较好效果。

　　尽管各个种植区都对澳洲坚果保花保果措施进行研究，并取得了一定成效，但至今未形成一套完善的方法供大田推广使用。不过可以认为，在保花保果措施时，树体营养水平是必须予以考虑的因素之一。

　　中国热带农业科学院南亚热带作物研究所研发的澳洲坚果丰产保果配方 WGD - 2 叶面肥，在澳洲坚果幼果形成的不同时期施用，能显著提高坐果率，提高产量。WGD - 2 与植物生长调节剂搭配使用，在幼果期施用具有累加效应，使用安全；但在谢花至幼果形成期施用，不同生长调节剂效果不一致：与 CPPU 搭配效果最好，与萘乙酸和 2,4 - D 搭配效果不佳，与赤霉素搭配效果尚不能肯定（邹明宏等，2009）

第六节　病虫害及其防治

　　据报道，为害澳洲坚果的害虫有 330 多种，螨类 4 种，病原菌 30 多种，在我国主要害虫只有 20 多种，病害 10 多种。鼠害为害果实也较严重。

1　主要病害及其防治

1.1　嫁接苗回枯病

病原菌为交链孢菌（*Alternaria* sp.）

1.1.1　症状

受该菌侵染后，接穗幼芽和小叶出现衰萎，叶尖变色，并沿中脉往下扩展至整叶，最终全部幼叶变干，并柔软地挂在长出的接穗枝条上，一旦受侵害，即使穗、砧的形成层相结合，接穗也会枯死；品种 741 和 344 对该病最敏感。此病常见于长期潮湿或通风不良的苗圃，易侵染新嫁接苗。

1.1.2　防治方法

在嫁接时必须注意嫁接前把刀、手或其他器具用 75% 酒精预先消毒；芽条在 0.1% 次氯酸钠中浸渍 3 min，或在 70% 甲基硫菌灵 800～1 000 倍液中浸泡 10 min，晾干后再嫁接操作；在接穗刚抽芽时可用 70% 甲基硫菌灵 1 000 倍液进行喷施，以预防该病的发生。

1.2　果壳斑点病

病原菌为束梗尾孢菌（*Pseudocercospora* sp.）

1.2.1　症状

主要为害果实，造成大量的熟前落果。初期在绿色果皮上呈漫射晕圈的淡黄色小斑点，扩展后变成较暗的黄色至棕褐色，直径 2～5 mm；当病斑扩展到 5～15 mm 时，中心变为褐色，边缘保持淡黄色；当该菌侵染未熟果实白色的果皮内层表面时形成棕褐色圆斑，而随着果实的成熟，果皮内层表面变褐时，病斑则越难于辨认。

1.2.2　防治方法

在坚果豌豆大小时开始喷药，每月 1 次，连喷 3 次，喷药要彻底全面覆盖果实，在该病的易发地区，如地势较低、树冠密集和通风不良的果园，可进行局部喷药防治，所用杀菌剂为铜制剂，如 77% 氢氧化铜 300～800 倍液。

1.3 炭疽病

病原菌为小刺盘孢菌（*Colletotrichum gloeosporioides* var. *minor*）、拟茎点霉菌（*Phomopsis* sp.）、毛色二孢菌（*Lasiodiplodia theobormae*）和束梗孢菌（*Stilbella cinnabarina*）。

1.3.1 症状

起初在绿色果实上出现黑色斑点，斑点互相结合，形成腐烂斑块，果实表面覆盖橘黄色、针状的病菌子实体，继而果皮腐烂，真菌侵染由果皮扩展到果柄，造成大量的熟前落果。

1.3.2 防治方法

用 50% 多菌灵 800～1 000 倍液，或 25% 溴菌腈 500～600 倍液，或 80% 炭疽福美 700～800 倍液等进行喷雾。

1.4 花疫病

病原菌为灰绿葡萄孢霉（*Botrytis cinerea*），主要侵害花序。

1.4.1 症状

起初在萼片上出现暗色小斑点，随后整个花朵枯死，并很快扩大至整个花序，只剩下绿色的总花梗不受侵害，当整个花序感病后，总花梗的颜色变暗，最后枯死花脱落，或可见灰色蛛网状菌丝体缠绕总花梗，在潮湿条件下，受侵害的总状花序变成暗灰色至黑色。

1.4.2 侵染条件

连续 3 d 以上的阴雨天气和 10～22 ℃ 的温度。再侵染的条件：当这些孢子被冲刷或风传到其他花序上并至少有连续 6～8 h 的阴湿条件，再侵染便成功。

1.4.3 防治方法

用 50% 苯菌灵 1 500～2 000 倍液，或 70% 甲基硫菌灵 800～1 000 倍液，或 50% 多菌灵 750～1 000 倍液喷雾。抓住喷药时机，当有 60% 花序刚刚全部开放的时候，必须注意观察病菌的侵染情况，一经发现应及时喷药。

1.5 茎干溃疡病

1.5.1 症状

该菌以泥水、雨水、手、机械甚至灰尘等为媒介，通过植株的伤口、自然裂口进入树干，侵害树皮，使茎干或枝条表皮裂口，流褐红色树胶，木质部变暗色，染病茎干或枝条所在的叶片脱落或呈火烧状干化，顶梢落叶，枝条干枯，该病原菌逐渐扩展至整株，引起全株落叶，枝条干枯，严重的引起植株死亡。

1.5.2　防治方法

对该病的防治主要以防为主。一是购买无病种苗，大田种植时应避免积水，并用铜制剂（如 30％氧氯化铜 100 g/L），涂刷茎干 35 cm 以下部分；二是在耕作的各阶段都要避免机械损伤茎干；三是对感病植株用 58％甲霜灵和 70％甲基硫菌灵溶液混合彻底涂刷感病部位，1 周 1 次，共 3 次，可抑制病害的进一步扩展。

2　主要虫害及其防治

2.1　蚂蚁

2.1.1　为害状

主要影响种子和嫁接苗，当坚果种子在萌发破土时，其极易引诱蚂蚁蛀食种胚、幼根或幼芽，造成种子再不能萌发而死亡。当为害嫁接苗时，主要咬穿包顶塑料膜，使接穗露空、干化或受潮霉变，影响嫁接成活率。

2.1.2　防治方法

在播种前对沙床进行灭菌的同时，必须用杀虫剂进行杀虫处理，用杀虫药液淋湿沙床，或用熏蒸剂熏蒸沙床，而且在播种后，一旦发现有蚂蚁为害时，即可喷施杀虫剂或专用的蚂蚁用药。对于嫁接苗，当发现有蚂蚁为害时都必须用杀虫剂喷杀或施用专用的蚂蚁药。所用杀虫剂有 25％杀虫双 500～600 倍液，或 20％氰戊菊酯 1 500～2 000 倍液，或 50％马拉硫磷 500～600 倍液，或每 667 m^2 使用 5％特丁磷 2.0～3.0 kg。此外，蚂蚁蟑螂灵亦有效。

2.2　蓟马

2.2.1　为害状

主要为害花、嫩梢、嫩叶。为害花时成虫、若虫以锉吸式口器吸食花朵各器官汁液，影响花的正常发育，使之干枯、脱落。为害嫩梢、嫩叶时，先聚集于叶尖部位，后沿叶脉两侧至叶缘为害，刺吸汁液，使嫩叶沿叶脉两侧卷曲，组织变硬、变脆，逐渐使整个叶梢干枯、弯曲，影响新梢生长，严重的引起整株死亡。该虫对幼苗危害较重，其流行速度较快，一般1周左右达到成片为害，若不加以注意及时防治，将会造成严重损失。

2.2.2 防治方法

防除杂草，尽量减少蓟马的栖息场所；在该虫的流行季节，须经常调查虫口密度，做到及时喷药，抑制进一步为害，所用药剂为20％吡虫啉2 000～2 500倍液，或1％蝇螨净2 500～3 000倍液。

2.3 澳洲坚果蛀果螟

2.3.1 为害状

幼虫在果实中钻洞，当果壳未硬化时，幼虫钻过果壳进入种仁果壳硬化后，幼虫局限于果皮中蛀食，有的也蛀过果壳取食种仁，特别是薄皮薄壳或已受其他害虫为害的果实。幼果受害后造成严重落果，成熟果实受害后引起果仁品质下降。该虫在果实整个生长期均可为害。

2.3.2 防治方法

对该虫的防治必须在成虫产卵至孵化并在幼虫找到取食点钻入果皮的3～5 d内防治才能获得防治效果，因此，在结果期必须每周调查虫口密度，随机调查100个果实，若发现有5个被该虫为害，或发现有1％～3％的果实上有虫卵时，则可开始喷药，且每隔10～15 d喷1次。所用药剂为：80％甲萘维800倍液，或40％杀扑磷800倍液，或20％氰戊菊酯2 000～4 000倍液，或90％敌百虫600～800倍液喷雾，后两者轮换喷施效果较好。

3 鼠害

3.1 为害状

咬穿果皮及果壳取食果仁，在果实的整个生长期均可为害，尤其是接近成熟或已成熟的果实受害更重，地面上常可见散落大量被老鼠咬开的果壳，或爬上树为害而留下被咬开的果壳于果穗上，有时在鼠洞或杂草丛中也可见被为害的果实。

3.2　防治方法

（1）清除果园周围的杂草、枯枝落叶或其他垃圾，保持果园的整洁、干净；修剪下垂枝，使其离地面约1 m高，疏剪过分浓密的树冠，不易于老鼠的窝藏。

（2）保护鼠类天敌如长标蛇、南蛇、猫头鹰等各种食鼠动物。

（3）运用鼠笼、鼠夹和竹筒鼠吊等捕捉器在适宜的位置，傍晚放，早上收，同时还要选用适当的诱饵（如花生、葵花籽、鱼虾仔等）。有条件的，可运用电子捕鼠器，在果园四周拉上电网，老鼠进出果园触及电网时均可被击倒。

（4）投放敌鼠钠盐、杀鼠迷、溴敌隆、安妥等鼠药进行药物毒鼠，把配好的药饵放于鼠类经常活动的场所，如鼠洞口、鼠路、果园四周或每棵树下，投放毒饵后每隔1～2 d检查1次，连续检查2～3次，发现毒饵被吃完或吃过要补放。此外，最好发动周围果园或地区统一行动、统一灭鼠，这样才能取得较佳的效果。

第七节　采　　收

果实成熟脱落前1～2周必须先清除果园杂草、枯枝落叶和其他障碍物。平整树冠下的地面，填补洞穴，清理排水沟。在果实成熟前的1个月内，不施生物或动物粪肥，直至采收结束，以免病菌或脏物污染果实。当果实内果皮为褐色至深褐色、果壳褐色坚硬时即判定为正常的成熟落果，从而确定收获时间。

坚果落到地上后，通常用手工或机械收捡，在山坡地不平坦或较小规模的果园，采用人工收捡；大规模种植机械化程度较高而又平坦的果园，采用机械收获，如用大型真空清理机收获，或收获机在植株行间来回移动时，似橡皮手指的刷子把成熟脱落的坚果从地面上捡起来，然后推到输送带上，把坚果输送到接收桶或拖车上。

一般收获间隔期为1～2周，每隔1～2周就应收获1次，在病虫危害较严重的果园，若收获间隔期过长，会加重病虫的危害，在潮湿天气，由于霉菌的生长、种子发芽和酸败的发生，会造成种仁质量的降低，应尽量缩短收获间隔期。在干旱时节，若病虫鼠害较少，则可适当延长收获间隔期。

第六章　澳洲坚果种质资源描述
规范和数据标准

第一节　澳洲坚果种质资源描述规范和
数据标准制定的原则与方法

1　澳洲坚果种质资源描述规范制定的原则与方法

1.1　原则

1.1.1　参照国家自然科技资源平台植物种质资源共性描述规范（试行）。

1.1.2　结合当前需要，以满足热带果树种质资源描述、评价、鉴定和果树育种需求为主，兼顾生产需要。

1.1.3　优先考虑我国现有的研究基础，兼顾与国际交流和发展的需要。

1.1.4　参考国际植物遗传资源研究所（IPGRI）和国内发布的有关热带、亚热带果树描述符。

1.2　方法和要求

1.2.1　描述符类别分为6类：

1　基本信息

2　植物学性状

3　农艺性状

4　品质性状

5　抗逆性状

6　抗病虫性状

1.2.2　描述符代号由描述符类别加上两位顺序号组成，如108、214、516等。

1.2.3　本规范采用国际单位。

1.2.4 　本规范文本中，数量性状描述符所采用的单位在其描述里，质量性状有评价标准和等级划分，其后有相关解释。

1.2.5 　本规范文本中，描述符的代码是有序的。如数量形状从细到粗、从低到高、从少到多、从小到大，颜色从浅到深、抗性从强到弱等。

1.2.6 　0 作为描述符时，表示没有获得该项或者该项未获得。

1.2.7 　植物学形态描述符有模式图。

1.2.8 　日期表示为 YYYYMMDD 格式。

　　YYYY——表示年

　　MM——表示月

　　DD——表示日

1.2.9 　描述符性质分为 3 类：

　　M　　必选描述符（所有种质必须鉴定评价的描述符）

　　O　　可选描述符（可选择鉴定评价的描述符）

　　C　　条件描述符（只对特定种质进行鉴定评价的描述符）

1.2.10 　重要数量性状应以数值表示。

2　澳洲坚果种质资源数据标准制定的原则与方法

2.1　原则

2.1.1 　数据标准中的描述符应与描述规范相一致。

2.1.2 　数据标准应优先考虑现有数据库中的数据标准。

2.2　方法和要求

2.2.1 　数据标准中的代号应与描述规范中的代号一致。

2.2.2 　字段名最长 12 位。

2.2.3 　字段类型分字符型（C）、数值型（N）和日期型（D）。日期型的格式为 YYYYMMDD。

2.2.4 　经度类型为 N，格式为 DDDFF；纬度的类型为 N，格式为 DDFF，其中 D 为度，F 为分。后面标明北纬（N）、南纬（S）、东经（E）、西经（W），如 12136E、3921N；如果"分"的数据缺失，则缺失数据要用连字符（-）连接，如 121 - E、39 -N。

3　澳洲坚果种质资源数据质量控制规范制定的原则与方法

3.1　采集的数据应具有系统性、可比性和可靠性。

3.2　数据质量控制以过程控制为主，兼顾结果控制。

3.3　数据质量控制方法应具有可操作性。

3.4　鉴定评价方法以现行国家标准和行业标准为首选依据；如无国家标准和行业标准，则以国际标准或国内比较公认的先进方法为依据。

3.5　每个描述符的质量控制应包括取样时间、方法，样本数或群体大小，田间设计、计算统计方法、计量单位、精度和允许误差，采用的鉴定评价规范和标准，采用的仪器设备，性状的观测和等级划分方法，数据校验和数据分析。

4　澳洲坚果形态与结构术语

4.1　叶的结构（图 6-1）

4.2　花序的结构（图 6-2）

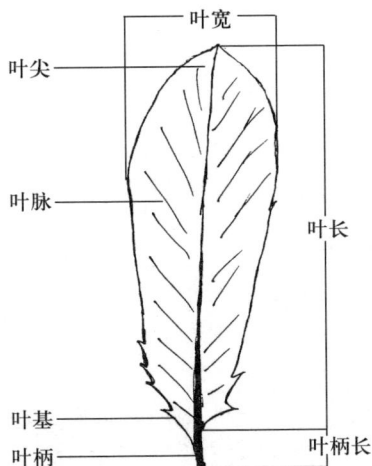

图 6-1　叶的结构

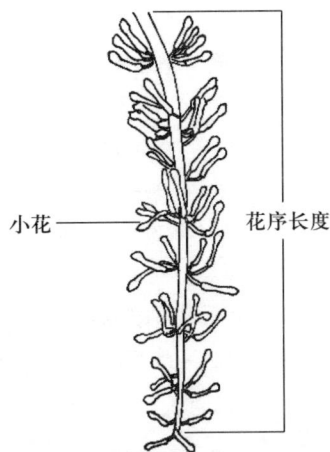

图 6-2　花序的结构

4.3 果实结构（图6-3）
4.4 壳果的结构（图6-4）

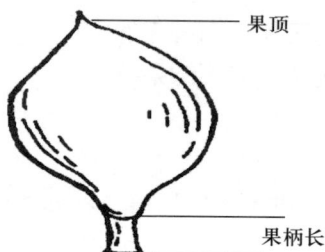

图6-3 果实的结构

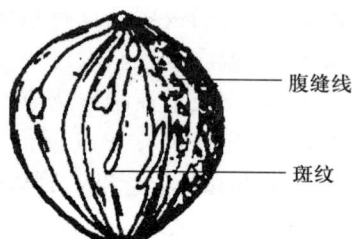

图6-4 壳果的结构

第二节 澳洲坚果种质资源描述简表

序号	类别	代号	描述符	描述符号性质	单位或代码
1	1	101	全国统一编号（种质编号）	M	
2	1	102	种质库编号	M	
3	1	103	种质圃编号	M	
4	1	104	采集号	M	
5	1	105	引种号	C/国外种质	
6	1	106	种质名称	M	
7	1	107	种质外文名称	C/国外品种资源	
8	1	108	科名	M	
9	1	109	属名或亚属名	M	
10	1	110	学名	M	
11	1	111	种质资源类型	M	1：野生资源 2：半野生资源 3：地方品种 4：引进品种 5：选育品种 6：遗传材料 7：其他

（续）

序号	类别	代号	描述符	描述符号性质	单位或代码
12	1	112	主要特性	M	1：高产　2：优质　3：抗病 4：抗虫　5：抗逆　6：早产 7：其他
13	1	113	主要用途	M	1：食用　2：药用　3：观赏 4：纤维　5：材用　6：砧木用 7：其他
14	1	114	系谱	C/选育品种 或品系	
15	1	115	母本	C/选育品种 或品系	
16	1	116	父本	C/选育品种 或品系	
17	1	117	选育单位	C/选育品种 和品系	
18	1	118	育成年份	C/选育品种 和品系	
19	1	119	原产国	M	
20	1	120	原产省	M	
21	1	121	原产地	M	
22	1	122	原产地经度	C/野生资源和 地方品种	
23	1	123	原产地纬度	C/野生资源和 地方品种	
24	1	124	原产地海拔	C/野生资源和 地方品种	

（续）

序号	类别	代号	描述符	描述符号性质	单位或代码
25	1	125	采集地	M	
26	1	126	采集单位	M	
27	1	127	采集时间	M	
28	1	128	采集材料	M	1：种子 2：果实 3：芽 4：芽条 5：花粉 6：组培材料 7：苗木 8：其他
29	1	129	保存单位	M	
30	1	130	保存单位编号	M	
31	1	131	保存种质类型	M	1：植株 2：种子 3：组织培养物 4：花粉 5：标本 6：DNA 7：其他
32	1	132	图像	O	
33	1	133	特性鉴定评价的机构名称	M	
34	1	134	鉴定评价地点	M	
35	1	135	备注	O	
36	2	201	树龄	M	年
37	2	202	树姿	M	1：直立 2：半开张 3：开张
38	2	203	树形	M	1：圆形 2：半圆形 3：圆锥形 4：阔圆形 5：不规则形
39	2	204	主干直径	M	cm
40	2	205	主枝分枝角度	M	1：锐角 2：钝角
41	2	206	新梢颜色	M	1：鲜绿、有光泽 2：粉红、光泽明显
42	2	207	枝条生长量	O	1：短 2：中 3：长

（续）

序号	类别	代号	描述符	描述符号性质	单位或代码
43	2	208	枝条分支量	O	1：少　2：中等　3：多
44	2	209	叶序	M	1：三叶轮生　2：四叶轮生
45	2	210	叶片形状	M	1：倒卵形　2：椭圆形 3：长椭圆形　4：倒披针形 5：其他
46	2	211	叶尖形状	M	1：截形　2：钝形　3：急尖 4：锐尖
47	2	212	叶基形状	O	1：渐尖　2：急尖　3：截形
48	2	213	叶片的颜色	M	1：浅绿　2：绿　3：深绿 4：黄绿　5：粉红　6：其他
49	2	214	叶面状态	M	1：平展　2：下弯　3：内弯 4：扭曲
50	2	215	叶片长度	O	cm
51	2	216	叶片宽度	O	cm
52	2	217	叶形指数	O	
53	2	218	叶柄长度	O	1：短　2：中　3：长
54	2	219	叶缘	M	1：全缘　2：波浪形　3：极明显波浪形
55	2	220	叶缘刺	M	0：无　1：少　2：疏　3：密
56	2	221	花序长度	M	1：短　2：中　3：长
57	2	222	小花颜色	M	1：白　2：乳白　3：粉红 4：其他
58	2	223	小花开放顺序	O	1：花轴基部的花先开，然后向顶端顺序推进，依次开放 2：花轴中部的花先开，然后向两端推进，依次开放　3：花轴顶端的花先开，然后向基部顺序推进，依次开放

（续）

序号	类别	代号	描述符	描述符号性质	单位或代码
59	2	224	单果重	M	g
60	2	225	果实形状	M	1：球形　2：卵圆形
61	2	226	果皮颜色	M	1：绿　2：深绿
62	2	227	果皮质地	M	1：光滑　2：粗糙
63	2	228	果顶形状	M	1：乳头状突起不明显　2：乳头状突起明显　3：乳头状突起极明显
64	2	229	果柄长度	M	1：短　2：中　3：长
65	2	230	壳果大小	M	1：小　2：中　3：大
66	2	231	壳果形状	M	1：球形　2：卵圆形　3：半球形
67	2	232	果壳质地	M	1：粗糙　2：光滑
68	2	233	果实斑纹分布	M	1：很少　2：少，集中在萌发孔及基部　3：少，分布较散　4：多，集中在萌发孔附近　5：多，较分散
69	2	234	果壳厚度	M	1：薄　2：中　3：厚
70	2	235	腹缝线	M	1：明显　2：不明显
71	2	236	萌发孔大小	M	1：小　2：中　3：大
72	2	237	果仁大小	M	1：小　2：中　3：大
73	2	238	果仁颜色	M	1：浅白　2：白　3：乳黄　4：其他
74	3	301	初花树龄	M	年
75	3	302	花期	M	1：初花期　2：盛花期　3：末花期
76	3	303	新梢萌发期	O	
77	3	304	果实成熟期	O	
78	3	305	树势	O	1：弱　2：中　3：强

（续）

序号	类别	代号	描述符	描述符号性质	单位或代码
79	3	306	成花能力	M	1：稀疏　2：中等　3：茂盛
80	3	307	坐果率	M	％
81	3	308	成熟果自然脱落状况	O	1：少量脱落　2：脱落
82	3	309	单株产量	M	kg
83	3	310	贮存期	M	d
84	4	401	出仁率	M	％
85	4	402	一级果仁率	M	％
86	4	403	果仁粗脂肪含量	M	％
87	4	404	果仁粗蛋白质含量	M	％
88	4	405	果仁可溶性总糖含量	M	％
89	5	501	抗风性	O	1：极抗　3：高抗　5：中抗　7：低抗　9：不抗
90	5	502	抗旱性	O	1：极抗　3：高抗　5：中抗　7：低抗　9：不抗
91	5	503	抗寒性	O	1：极抗　3：高抗　5：中抗　7：低抗　9：不抗
92	5	504	抗高温性	O	1：极抗　3：高抗　5：中抗　7：低抗　9：不抗
93	6	601	花疫病	O	0：免疫　1：高抗　3：中抗　5：抗病　7：感病　9：高感
94	6	602	花序枯萎病	O	0：免疫　1：高抗　3：中抗　5：抗病　7：感病　9：高感
95	6	603	果壳腐烂病	O	0：免疫　1：高抗　3：中抗　5：抗病　7：感病　9：高感

（续）

序号	类别	代号	描述符	描述符号性质	单位或代码
96	6	604	绯腐病	O	0：免疫　1：高抗　3：中抗 5：抗病　7：感病　9：高感
97	6	605	芽枯萎病	O	0：免疫　1：高抗　3：中抗 5：抗病　7：感病　9：高感
98	66	606	果壳斑点病	O	0：免疫　1：高抗　3：中抗 5：抗病　7：感病　9：高感
99	66	607	根颈瘿瘤病	O	0：免疫　1：高抗　3：中抗 5：抗病　7：感病　9：高感
100	66	608	澳洲坚果根腐病	O	0：免疫　1：高抗　3：中抗 5：抗病　7：感病　9：高感
101	6	609	枝条回枯病	O	0：免疫　1：高抗　3：中抗 5：抗病　7：感病　9：高感
102	6	610	花蝽	O	1：极抗　3：高抗　5：中抗 7：低抗　9：不抗
103	6	611	光亮缘蝽	O	1：极抗　3：高抗　5：中抗 7：低抗　9：不抗
104	6	612	褐缘蝽	O	1：极抗　3：高抗　5：中抗 7：低抗　9：不抗
105	6	613	荔枝异形小卷蛾	O	1：极抗　3：高抗　5：中抗 7：低抗　9：不抗
106	6	614	相思子异形 小卷蛾	O	1：极抗　3：高抗　5：中抗 7：低抗　9：不抗
107	6	615	坚果缢枝蛾	O	1：极抗　3：高抗　5：中抗 7：低抗　9：不抗
108	6	616	潜皮蛾	O	1：极抗　3：高抗　5：中抗 7：低抗　9：不抗
109	6	617	花尺蠖	O	1：极抗　3：高抗　5：中抗 7：低抗　9：不抗

（续）

序号	类别	代号	描述符	描述符号性质	单位或代码
110	6	618	坚果绒蚧	O	1：极抗　3：高抗　5：中抗 7：低抗　9：不抗
111	6	619	坚果穿孔齿小蠹	O	1：极抗　3：高抗　5：中抗 7：低抗　9：不抗
112	6	620	蓟马	O	1：极抗　3：高抗　5：中抗 7：低抗　9：不抗
113	7	701	随机扩增多态性 DNA（RAPD）	O	
114	7	702	扩增片段长度 多态性（AFLP）	O	
115	7	703	简单序列重复 区间扩增多态性 （ISSR）	O	
116	7	704	简单重复序列 （SSR）	O	
117	7	705	其他分子标记	O	
118	8	801	染色体数目	O	条
119	8	802	染色体倍数	O	

第三节　澳洲坚果种质资源描述规范

1　范围

本规范规定了澳洲坚果种质资源数据采集过程中的质量控制内容和方法。

本规范适用于澳洲坚果种质资源的整理、整合和共享。

2　规范性引用文件

下列文件中的条款通过本规范的引用而成为本规范的条款。凡是注日期的引用标准，其随后所有的修改单（不包括勘误的内容）或修订版均不适用于本规范。但是，鼓励根据本标准达成协议的各方研究是否可使用这些文件的最新版本。凡是不注日期的引用标准，其最新版本适用于本规范。

ISO 3166—1　国家和他们的地区名的代码表示法　第 1 部分：地区代码

ISO 3166—2　国家和他们的地区名的代码表示法　第 2 部分：国家地区代码

ISO 3166—3　国家和他们的地区名的代码表示法　第 3 部分：国家以前所用的代码

GB/T 2260　全国县及县以上行政区划代码表

GB/T 12404　单位隶属关系代码

GB/T 10466—1989　蔬菜、水果形态和结构术语（一）

GB/T 5009.5—1985　食品中蛋白质的测定方法

GB/T 5512　粮食、油料检验　粗脂肪的测定方法

GB 6194—1986　水果、蔬菜可溶性糖测定法

3　术语与定义

3.1　澳洲坚果

山龙眼科（Proteaceae）澳洲坚果属（*Macadamia*）常绿乔木果树，又称夏威夷果，澳洲核桃，昆士兰坚果。染色体数 $2n=28$。食用部位为种仁。

3.2　种质资源

澳洲坚果种质的野生资源、地方品种、选育品种、品系、遗传材料等。

3.3　基本信息

澳洲坚果种质资源基本情况描述信息，包括全国统一编号、种质名称、学名、原产地、种质类型等。

3.4　形态特征和生物学特性

澳洲坚果种质资源的物候期、植物学形态、产量性状等特征特性。

3.5　品质特性

澳洲坚果种质资源的品质特性主要包括壳果出仁率、一级果仁率、果仁粗脂肪含量、果仁粗蛋白含量；果仁可溶性总糖含量等。

4　基本信息

4.1　全国统一编号

澳洲坚果种质资源的全国统一编号。

4.2　种质库编号

澳洲坚果种质资源长期保存库编号。每份种质具有唯一的种质库编号。

4.3　种质圃编号

澳洲坚果种质资源保存圃编号，每份种质具有唯一的种质圃编号。

4.4　采集号

澳洲坚果种质在野外采集时赋予的编号，一般由年份加2位省份代码加顺序号组成。

4.5　引种号

澳洲坚果种质从境外引进时赋予的编号，一般由年份加4位顺序号组成的8位字符串。每份引进种质具有唯一的引种号。

4.6　种质名称

澳洲坚果种质的中文名称。国外引进种质如果没有中文译名，可以直接填写种质的外文名。

4.7　种质外文名称

国外引进种质的外文名和国内种质的汉语拼音名。

4.8　科名

种质资源在植物分类学上的科名。科名由拉丁名加英文括号内的中文名组成，如 Proteaceae（山龙眼科）。如没有中文名，直接填写拉丁名。

4.9　属名

种质资源在植物分类学上的属名。属名由拉丁名加英文加用括号括起来的中文名组成，如澳洲坚果属（*Macadamia*）。如没有中文名，直接填写拉丁名。

4.10 学名

澳洲坚果的科学名称。学名由拉丁名加用括号括起来的中文名组成，如四叶澳洲坚果（*Macadamia teraphylla* L. A. S. Johnoson）。

4.11 种质类型

澳洲坚果种质资源的类型分为 7 类：

1　野生资源
2　半野生资源
3　地方品种
4　引进品种
5　选育品种
6　遗传材料
7　其他

4.12 主要特性

澳洲坚果种质资源的主要特性分为 7 类：

1　高产
2　优质
3　抗病
4　抗虫
5　抗逆
6　早产
7　其他

4.13 主要用途

澳洲坚果种质资源的主要用途分为 7 类：

1　食用
2　药用
3　观赏
4　纤维
5　材用

6　砧木用

7　其他

4.14　系谱

澳洲坚果选育品种（系）的亲缘关系。例如 Greber Hybrid 的系谱为 OC×D4。

4.14.1　母本

育成的澳洲坚果品种的母本名称。

4.14.2　父本

育成的澳洲坚果品种的父本名称。

4.15　选育单位

选育澳洲坚果品种（系）的单位名称或个人。单位名称应写全称，例如中国热带农业科学院南亚热带作物研究所。

4.16　育成年份

澳洲坚果品种（系）培育成功的年份。例如 1980、2002 等。

4.17　原产国

澳洲坚果种质原产国家名称、地区名称或国际组织名称。国家和地区名称参照 ISO 3166-1、ISO 3166-2 和 ISO 3166-3，如该国家已不存在，应在原国家名称前加"前"，如"前苏联"。国家组织名称用该组织的英文缩写，如 IPGRI。

4.18　原产省

澳洲坚果种质原产省份，省份名称参照 GB/T 2260。

4.19　原产地

澳洲坚果种质的原产县、乡、村名称。县名参照 GB/T 2260。

4.20　原产地经度

澳洲坚果种质资源原产地的经度，单位为（°）和（′）。格式为 DDDFF，其中 DDD 为度，FF 为分。东经为正值，西经为负值，例如，12125 代表东经 121°25′，－10209 代表西经 102°9′。

4.21　原产地纬度

澳洲坚果种质资源原产地的纬度，单位为（°）和（′）。格式为 DDFF，其中 DD 为度，FF 为分。北纬为正值，南纬为负值，例如，3208 代表北纬 32°8′，−2542 代表南纬 25°42′。

4.22 原产地海拔

澳洲坚果种质资源原产地的海拔，单位为 m。

4.23 采集地

澳洲坚果种质的来源国家、省、县名称，地区名称或国际组织名称。国家和地区名称参照 ISO 3166 - 1、ISO 3166 - 2 和 ISO 3166 - 3，省和县名称参照 GB/T 2260。

4.24 采集单位

澳洲坚果种质采集单位名称。单位名称应写全称，例如中国热带农业科学院南亚热带作物研究所。

4.25 采集时间

采集澳洲坚果种质的时间。种质采集时间由 8 位数字组成，前 4 位为年份，中间 2 位为月份（1 月到 9 月用 01 到 09 表示，下同），后两位为日期（1 日到 9 日用 01 到 09 表示，下同）。

4.26 采集材料

澳洲坚果种质收集时其采集的种质材料类型分为 8 类：

    1   种子

    2   果实

    3   芽

    4   芽条

    5   花粉

    6   组培材料

    7   苗木

    8   其他

4.27 保存单位

负责澳洲坚果种质繁殖，并提交国家种质资源长期库前的原保存单位名称。单位名称应写全称，例如中国热带农业科学院南亚热带作物研究所。

4.28 保存单位编号

澳洲坚果种质在原保存单位中的种质编号。保存单位编号在同一保存单位应具有唯一性。

4.29 保存种质类型

保存澳洲坚果种质资源的类型分为 7 类：

  1   植株

  2   种子

  3   组织培养物

  4   花粉

  5   标本

  6   DNA

  7   其他

4.30 图像

澳洲坚果种质的图像文件名，图像格式为 .jpg。图像文件名由统一编号加"-"加序号加".jpg"组成。如有多个图像文件，图像文件名用英文分号分隔，如统一编号-1.jpg；统一编号-2.jpg。图像对象主要包括植株、花、果实、特异性状等。图像要清晰，对象要突出。

4.31 特性鉴定评价的机构名称

澳洲坚果种质特性鉴定评价的机构名称。单位名称应写全称，例如中国热带农业科学院南亚热带作物研究所。

4.32 鉴定评价地点

澳洲坚果种质形态特征和生物学特性的鉴定评价地点，记录到省和县名，如广东省湛江市麻章区。

4.33 备注

资源收集者了解的生态环境的主要信息、产量、栽培实践等。

5 植物学性状

5.1 植株

5.1.1 树龄

从定植到描述评价时的时间长短，单位为年，精确到整数。

5.1.2 树姿

正常成年植株的自然分枝习性（图 6-5）。

  1   直立

2　　半开张

3　　开张

图 6-5　树　姿

5.1.3　树形

正常成年植株的自然树冠形状（图 6-6）。

1　　圆形

2　　半圆形

3　　圆锥形

4　　阔圆形

5　　不规则形

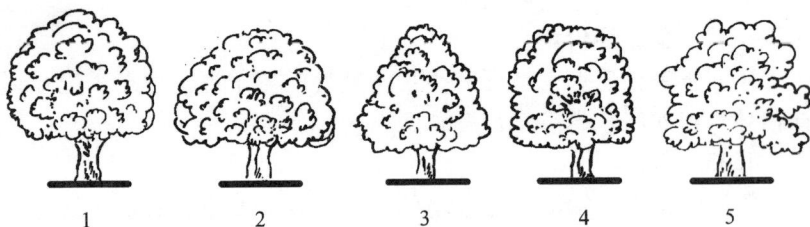

图 6-6　树　形

5.1.4　主干直径

实生树或空中压条树，从离地面 20 cm 高处测量；嫁接树，从嫁接点以上 20 cm 处测量。单位为 cm。

5.1.5　主枝分枝角度（图 6-7）

1　　锐角（≤90°）

2　　钝角（＞90°）

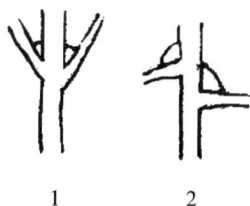

图 6-7　主枝分枝角度

5.1.6　新梢颜色

1　鲜绿、有光泽

2　粉红、光泽明显

5.1.7　枝条生长量

枝梢自然生长的长度，单位为 cm。

1　短（≤35 cm）

2　中（>35 cm，≤45 cm）

3　长（>45 cm）

5.1.8　枝条分支量

枝梢自然分支枝量。

1　少

2　中等

3　多

5.1.9　叶序

1　三叶轮生

2　四叶轮生

5.1.10　叶片形状（图 6-8）

1　倒卵形

2　椭圆形

3　长椭圆形

4　倒披针形

5　其他

5.1.11　叶尖形状（图 6-9）

1　截形

2　钝形

3　急尖

4　锐尖

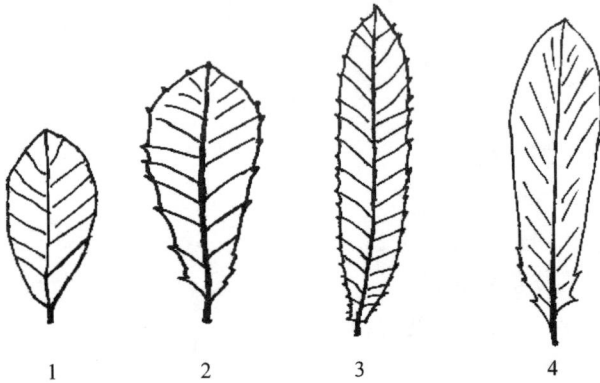

图 6-8　叶　形

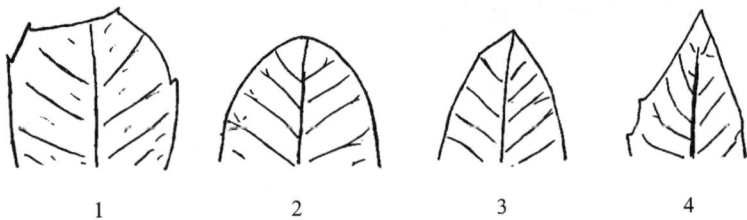

图 6-9　叶尖形状

5.1.12　叶基形状（图 6-10）

1　渐尖

2　急尖

3　截形

5.1.13　叶片的颜色

在叶片完全伸展阶段评价新抽叶的颜色。

1　浅绿

2　绿

3　深绿

4　　黄绿

5　　粉红

6　　其他

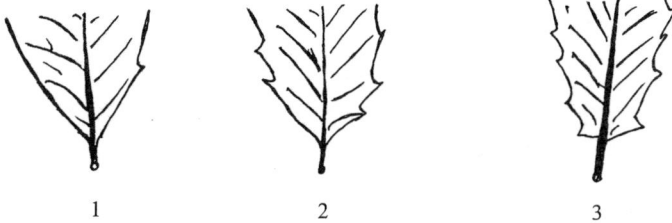

图 6 - 10　叶基形状

5.1.14　叶面状态（图 6 - 11）

成熟叶片的叶面状态。

1　　平展（叶面平展，横断面呈直线状）

2　　下弯（叶面下弯或反卷，横断面呈弧形下弯或下卷）

3　　内弯（叶面内弯，横断面呈弧形或 V 形上弯）

4　　扭曲（叶面扭曲，横断面呈螺旋状扭曲）。

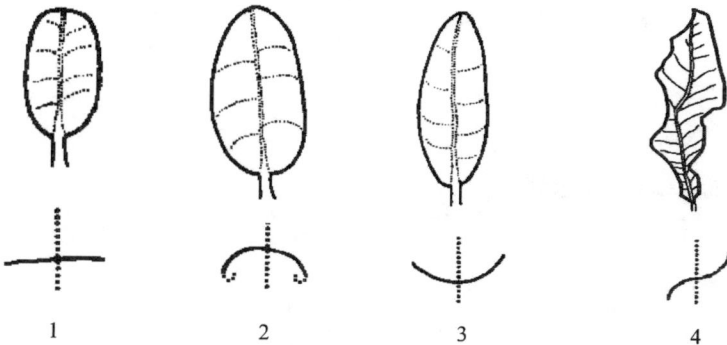

图 6 - 11　叶面状态

5.1.15　叶片长度

正常澳洲坚果树冠外围成熟叶片长度，单位为 cm。

5.1.16　叶片宽度

正常澳洲坚果树冠外围成熟叶片宽度，单位为 cm。

5.1.17　叶形指数

叶片长度/叶片宽度

5.1.18　叶柄长度

成熟叶片的叶柄长度，单位为 mm。

　　1　　短（≤3.0 mm）

　　2　　中（>3.0 mm，≤8.0 mm）

　　3　　长（>8.0 mm）

5.1.19　叶缘（图 6-12）

　　1　　全缘

　　2　　波浪形

　　3　　极明显波浪形

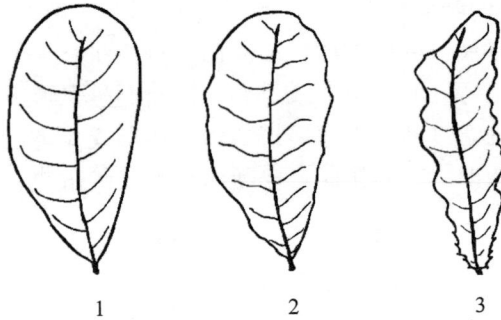

1　　　　　　　2　　　　　　　3

图 6-12　叶　缘

5.1.20　叶缘刺

　　1　　无

　　2　　少

　　3　　疏

　　4　　密

5.2　花序及花描述

5.2.1　花序长度

以成熟花序的长度为基础，单位为 cm。

　　1　　短（≤15 cm）

　　2　　中（>16 cm，≤20 cm）

3   长（>20 cm）

5.2.2 小花颜色（成熟小花的颜色）

1   白

2   乳白

3   粉红

4   其他

5.2.3 小花开放顺序

花序中各花的开放顺序。

1   花轴基部的花先开，然后向顶端顺序推进，依次
     开放。

2   花轴中部的花先开，然后向两端推进，依次开放。

3   花轴顶端的花先开，然后向基部顺序推进，依次
     开放。

5.3 果实

5.3.1 单果重

成熟新鲜带皮果重，单位为 g。

5.3.2 果实形状

成熟果实的形状（图 6-13）。

1   球形

2   卵圆形

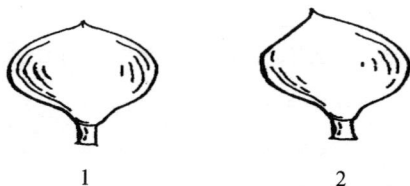

图 6-13 果实形状

5.3.3 果皮颜色

1   绿

2   深绿

5.3.4 果皮质地

1　光滑

2　粗糙

5.3.5 果顶形状（图 6-14）

成熟带皮果的果顶形状。

1　乳头状突起不明显

2　乳头状突起明显

3　乳头状突起极明显

1　　　　　　　　　　2　　　　　　　　　　3

图 6-14　果顶形状

5.3.6 果柄长度

成熟果实果柄的长度，单位为 mm。

1　短（≤4 mm）

2　中（>4 mm，≤6 mm）

3　长（>6 mm）

5.4 壳果（种子）

5.4.1 壳果大小

以成熟壳果大小为基础（含水量为 $1.5\pm0.5\%$），单位为 g。

1　小（≤5.0 g）

2　中（>5.0 g，≤7.0 g）

3　大（>7.0 g）

5.4.2 壳果形状

成熟果实的形状（图 6-15）。

1　球形

2　卵圆形

3　半球形

5.4.3　果壳质地

果壳表面的光滑程度。

1　　粗糙

2　　光滑

图 6-15　壳果形状

5.4.4　果壳斑纹分布

1　　很少

2　　少，集中在萌发孔及基部

3　　少，分布较散

4　　多，集中在萌发孔附近

5　　多，较分散

5.4.5　果壳厚度

成熟果实果壳厚度，单位为 mm。

1　　薄（≤4.0 mm）

2　　中（>4.0 mm，≤6.5 mm）

3　　厚（>6.5 mm）

5.4.6　腹缝线

1　　明显

2　　不明显

5.4.7　萌发孔大小

壳果表面萌发孔

1　　小

2　　中

3　　大

5.4.8　果仁大小

以成熟果仁大小为基础（含水量为 1.5％±0.5％），单位为 g。

1　　小（≤2.0 g）

2　　中（＞2.0 g，≤3.0 g）

3　　大（＞3.0 g）

5.4.9　果仁颜色

1　　浅白

2　　白

3　　乳黄

4　　其他

6　农艺性状

6.1　物候期

6.1.1　初花树龄

从标准苗木定植到第一次开花的时间，初花树龄由两位数字组成，单位为年。

6.1.2　花期

1　　初花期（5％～25％花朵开放时）

2　　盛花期（25％～75％花朵开放时）

3　　末花期（75％以上花朵开放时）

6.1.3　新梢萌发期

观察全树约 50％以上枝梢顶芽生长至约 2 cm 的日期。

6.1.4　果实成熟期

全树有 75％的果实成熟的日期。

6.2　生长结果习性

6.2.1　树势

进行营养生长的能力。

1　　弱

2　　中

3　　强

6.2.2　成花能力

1　　稀疏

2　中等

3　茂盛

6.2.3　坐果率

授粉后坐果能力。

$$坐果率 = \frac{果实数}{开花数} \times 100$$

6.2.4　成熟果自然脱落状况

1　少量脱落

2　脱落

6.3　单株产量

在植株的果实成熟期，从整个试验小区随机取样 5 株，用磅秤称量 5 株发育正常的成熟带皮鲜果的产量，单位为 kg，精确到 1 kg，并按 5 棵植株的总产量折算出单株产量，单位为 kg。

6.4　贮存期

常温下贮存的天数，单位为 d。

7　品质性状

7.1　出仁率

总果仁占总壳果的百分率表示（果仁含水量为 1.5±0.5％）。

7.2　一级果仁率

在清水中，悬浮果仁占总果仁百分率表示（果仁含水量为 1.5±0.5％）。

7.3　果仁粗脂肪含量

以果仁含油百分率表示（果仁含水量为 1.5±0.5％）。

7.4　果仁粗蛋白质含量

当果仁含水量为（1.5％±0.5％）时测定。

7.5　果仁可溶性总糖含量

当果仁含水量为（1.5％±0.5％）时测定。

8　抗逆性

抗逆性包括澳洲坚果的抗风性、抗旱性、抗寒性、抗高温性等，应该特别指出该记录是在人工条件还是在自然条件下进行的。抗逆性分为以下 1～9 共 5 个级别：

　　1　　极抗

　　3　　高抗

　　5　　中抗

　　7　　低抗

　　9　　不抗

9　抗病虫性状

9.1　抗病性

主要病害包括花疫病（*Phytophthora cinnamomi*、*Phytophthora capsici*）、花序枯萎病 *Botrytis cinerea*）、炭疽病（*Colletotyichum gloeosporioides* Penz、*Phomopsis* sp.、*Lasiodiplodia theobromae*、*Stilbella cinnabarina*）、绯腐病（*Corticium salmonicolor*）、芽枯萎病（*Alternaria alternata*）、果壳斑点病（*Pseudocercospora* sp.）、根颈瘿瘤病（*Agrobacterium tumefaciens*）、澳洲坚果根腐病（*Armildariella mellea*、*Kretzschmaria* clavas）、枝条回枯病（*Dothiorella ribis*）。

抗病性记录为以下 0～9 共 6 个级别：

　　0　　免疫

　　1　　高度抗病

　　3　　中度抗病

　　5　　抗病

　　7　　感病

　　9　　高感

9.2　抗虫性

主要虫害包括花螟（*Homoeosoma vagella* Zeller）、光亮缘蝽（*Amblypelta nitida* Stal）、褐缘蝽（*Amblypelta lutescens* Distant）、荔枝异形小卷蛾（*Cryptophlebia ombrodelta* Lower）、相思子异形小卷蛾（*Cryptophlebia illepida*）、坚果缢枝蛾（*Neodrepta luteotactella* Walker）、潜皮蛾（*Acrocercops chionosema*

Turner)、花尺蠖（*Gymnoscelis subrufata* Warren）、坚果绒蚧（*Eriococcus ironsidei* Willans）、坚果穿孔齿小蠹（*Hypothenemus obscurus* Eichhoff）、蓟马（*Scirtothrips dorsallis* Hood）。

抗虫性记录为以下 1～9 共 5 个级别：

1	极抗
3	高抗
5	中抗
7	低抗
9	不抗

10　分子标记

用于描述种质的可识别或有用的特异性状。标明用于分析的探针—核苷酸序列组成。以下为一些最常用的方法。

10.1　随机扩增多态性 DNA（RAPD）
准确标明试验条件及产物分子量大小（适用于核基因组）。

10.2　扩增片段长度多态性（AFLP）
标明引物组成及产物的分子量大小（适用于核基因组）。

10.3　简单序列重复区间扩增多态性（ISSR）
标明引物序列及产物大小（适用于核基因组、叶绿体基因组）。

10.4　简单重复序列（SSR）
标明引物序列及衍生（扩增）出的核苷酸序列（适用于核基因组、叶绿体基因组及线粒体基因组）。

10.5　其他分子标记

11　细胞学特征

11.1　染色体数
体细胞染色体数，单位为条。

11.2　染色体倍数
2X、3X、4X 等或非整倍体。

第四节　澳洲坚果种质资源数据标准

序号	代号	描述符	字段名	字段英文名/学名	字段类型	字段长度	字段小数位	单位	代码	代码英文名	例子
1	101	全国统一编号（种质编号）	统一编号	Accession number	C	8					AZJG0811
2	102	种质库编号	库编号	Genebank number	C	8					
3	103	种质圃编号	圃编号	Field genebank number	C						
4	104	采集号	采集号	Collecting number	N	10					1985120001
5	105	引种号	引种号	Introduction number	N	8					20070006
6	106	种质名称	种质名称	Accession name	C	30					HAES343
7	107	种质外文名称	种质外文名称	Alien name	C	30					Ikaika

（续）

序号	代号	描述符	字段名	字段英文名/学名	字段类型	字段长度	字段小数位	单位	代码	代码英文名	例子
8	108	科名	科名	Family	C	30					Proteaceae (山龙眼科)
9	109	属名或亚属名	属名	Genus	C	30					Macadamia (澳洲坚果属)
10	110	学名	学名	Species	C	50					Macadamia ternifoia F. Mueller
11	111	种质类型	种质类型	Type of germplasm	C	12			1:野生 2:半野生 3:地方品种 4:引进品种 5:选育品种 6:遗传材料 7:其他	1:Wild 2:Semiwild 3:Local cultivar 4:Introduced cultivar 5:Advanced cultivar 6:Genetic material 7:Other	引进品种

（续）

序号	代号	描述符	字段名	字段英文名/学名	字段类型	字段长度	字段小数位	单位	代码	代码英文名	例子
12	112	主要特性	特性	Characteristic	C	4			1:高产 2:优质 3:抗病 4:抗虫 5:抗逆 6:早产 7:其他	1:High yield 2:High quality 3:Disease resistant 4:Insect resistant 5:Adversity resistant 6:Early production 7:Other	高产
13	113	主要用途	用途	Purpose	C	6			1:食用 2:药用 3:观赏 4:育种 5:材用 6:砧木用 7:其他	1:Edible 2:Official 3:Ornamental 4:Breeding 5:Timber 6:Stock 7:Other	食用
14	114	系谱	系谱	Pedigree	C	70					OC×D$_4$
15	115	母本	母本	Famale parentage	C	70					

（续）

序号	代号	描述符	字段名	字段英文名/字段名	字段类型	字段长度	字段小数位	单位	代码	代码英文名	例子
16	116	父本	父本	Male parentage	C	70			1:自花授粉 2:自然授粉 3:异花授粉 4:种间杂交 5:种内杂交 6:无性选择 7:自然突变 8:人工诱变 9:其他	1:Self - pollination 2:Natural pollination 3:Cross pollination 4:Interspecific hybridization 5:Intraspecific hybridization 6:Agamic selection 7:Natural mutation 8:Induction of mutations 9:Other	
17	117	遗传背景	遗传背景	Genetic background	C	8					
18	118	无性系特点	无性系特点	Clonal	C	12			1:接穗/砧木 2:扦插植株 3:根接植株 4:组培材料	1:Scion / root - stock 2:Cutting propagation plant 3:Root grafting plant 4:Tissue culture	接穗/砧木
19	119	带毒状况	带毒状况	Virose condition	C	8			1:无毒 2:有毒 3:没有检测 4:脱毒	1:Innocuity 2:Virose 3:No examination 4:Detoxication	没有检测

（续）

序号	代号	描述符	字段名	字段英文名/学名	字段类型	字段长度	字段小数位	单位	代码	代码英文名	例子
20	120	选育单位	选育单位	Breeder institute	C	40					夏威夷农业试验站
21	121	选育年份	选育年份	Releasing year	D	4					1936
22	122	原产国	原产国	Country of origin	C	8					澳大利亚
23	123	原产省份	原产省	Province of origin	C	8					昆士兰州
24	124	原产地	原产地	Origin	C	16					瓦胡岛（Oahu）
25	125	原产地经度	经度	Longitude	N	6					
26	126	原产地纬度	纬度	Latitude	N	5					
27	127	原产地海拔	海拔	Altitude	N	4	0	m			700
28	128	采集地	采集地	Collecting place	C	30					夏威夷
29	129	采集单位	采集单位	Collecting institute	C	36					中国热带农业科学院南亚热带作物研究所

（续）

序号	代号	描述符	字段名	字段英文名/字名	字段类型	字段长度	字段小数位	单位	代码	代码英文名	例子
30	130	采集时间	采集日期	Date of collection	D	8					19790318
31	131	采集材料	采集材料	Type of collection material	C	12			1:种子 2:果实 3:芽 4:芽条 5:花粉 6:组培材料 7:苗木 8:其他	1:Seed 2:Fruitage 3:Bud 4:Scion 5:Pollen 6:Tissue culture material 7:Grafting plantlet 8:Other	芽条
32	132	保存单位名称	保存单位	Donor institute	C	36					中国热带农业科学研究院南亚热带作物研究所
33	133	种质保存单位编号	种质保存单位编号	Donor ccession number	C	6					06004
34	134	种质保存名	种质保存名	Donor name	C	10					Ikaika
35	135	入圃编号	入圃编号	Serial number in nursery	C	6					06004

（续）

序号	代号	描述符	字段名	字段英文名/学名	字段类型	字段长度	字段小数位	单位	代码	代码英文名	例子
36	136	保存种质类型	保存种质类型	Type of donor accession	C	10			1:植株 2:种子 3:组织培养物 4:花粉 5:标本 6:DNA 7:其他	1:Plant 2:Seed 3:Tissue culture material 4:Pollen 5:Sample 6:DNA 7:Other	植株
37	137	种质定植年份	定植年份	Year of planting	D	8					19790916
38	138	种质更新年份	更新年份	Year of renewal	D	8					20050309
39	139	照片	照片	Image file name	C	2			1:有 2:无	1:Ens 2:No	有
40	140	图像	图像	image	C	30					
41	141	特性鉴定评价的机构名称	鉴定评价机构	Estimate institution	C	36					06004-5.JPG 中国热带农业科学院南亚热带作物研究所

（续）

序号	代号	描述符	字段名	字段英文名/学名	字段类型	字段长度	字段小数位	单位	代码	代码英文名	例子
42	142	鉴定评价的地点	鉴定评价地点	Estimate place	C	20					广东湛江
43	201	树龄	树龄	Age of tree	N	3	0	a			9
44	202	树姿	树姿	Tree growth habit	C	6			1:直立 2:半开张 3:开张	1:Upright 2:Semi-Upright 3:Spreading	半开张
45	203	树形	树形	Tree shape	C	8			1:圆形 2:半圆形 3:圆锥形 4:阔圆形 5:不规则形	1:Round 2:Semi-round 3:Conical 4:Broad elliptic 5:Irregular	圆锥形
46	204	主干直径	主干直径	Trunk diameter	N	5	1	cm			21.3cm
47	205	主枝分枝角度	角度	Crotch angle of main branches	C	4			1:锐角 2:钝角	1:Acute angle 2:Obtuse angle	锐角
48	206	新梢颜色	新梢颜色	Newshoot colour	C	14			1:鲜绿,有光泽 2:粉红,光泽明显	1:Green and luster 2:Pink and luster in evidence	鲜绿,有光泽

（续）

序号	代号	描述符	字段名	字段英文名/学名	字段类型	字段长度	字段小数位	单位	代码	代码英文名	例子
49	207	枝条生长量	枝条生长量	Length of branch	N	6	1	cm			1:短(≤35cm) 2:中(>35cm, ≤45cm) 3:长(>45cm)
50	208	枝条分支量	枝条分支量	Density of branches	C	4			1:少 2:中等 3:多	1:Sparse 2:Medium 3:Dense	中等
51	209	叶序	叶序	Leaf arrangement	C	8			1:三叶轮生 2:四叶轮生	1:Round of three leaves 2:Round of four leaves	三叶轮生
52	210	叶片形状	叶形	Leaf shape	C	8			1:倒卵形 2:椭圆形 3:长椭圆形 4:倒披针形 5:其他	1:Obovate 2:Elliptic 3:Long-elliptic 4:Oblanceolate 5:Other	倒披针形
53	211	叶尖形状	叶尖形	Leaf apex shape	C	4			1:截形 2:钝尖 3:急尖 4:锐尖	1:Cuneate 2:Obtuse 3:Narrow acute 4:acute	钝尖

（续）

序号	代号	描述符	字段名	字段英文名/字段名	字段类型	字段长度	字段小数位	单位	代码	代码英文名	例子
54	212	叶基形状	叶基形状	Leaf base shape	C	4			1:渐尖 2:急尖 3:截形	1:Acuminate 2:Acute 3:Cuneate	渐尖
55	213	叶片颜色	叶片颜色	Colour of leaf	C	4			1:浅绿 2:绿 3:深绿 4:黄绿 5:粉红 6:其他	1:Light green 2:Green 3:Dark green 4:Yellow green 5:Pink 6:Other	浅绿
56	214	叶面状态	叶面状态	Leaf surface shape	C	4			1:平展 2:下弯 3:内弯 4:扭曲	1:Level 2:Outside curvature 3:Inside curvature 4:Zigzag	
57	215	叶片长度	叶片长度	Length of leaf	N	4	1	cm			13.5
58	216	叶片宽度	叶片宽度	Width of leaf	N	4	1	cm			4.2
59	217	叶形指数	叶形指数	Index of leaf shape	N	4	1				3.2

（续）

序号	代号	描述符	字段名	字段英文名/字名	字段类型	字段长度	字段小数位	单位	代码	代码英文名	例子
60	218	叶柄长度	叶柄长度	Petiole length	N	3	1	mm			1：短（≤3.0mm） 2：中（>3.0mm，≤8.0mm） 3：长（>8.0mm）
61	219	叶缘	叶缘形状	Leaf margin	C	12			1：全缘 2：波浪形 3：极明显波浪形	1：Entire 2：Undulate 3：Obviously undulate	波浪形
62	220	叶缘刺	叶缘刺	Sting of Leaf margin	C	2			1：无 2：少 3：疏 4：密	1：Absent 2：Little 3：Sparse 4：Dense	疏
63	221	花序长度	花序长度	Inflorescence length	N	4	1	cm			1：短（≤15cm） 2：中（>15cm，≤20cm） 3：长（>20cm）
64	222	小花颜色	小花颜色	Colour of floweret	C	4			1：白 2：乳白 3：粉红 4：其他	1：White 2：Cream-white 3：Pink 4：Other	乳白

（续）

序号	代号	描述符	字段名	字段英文名/字段名	字段类型	字段长度	字段小数位	单位	代码	代码英文名	例子
65	223	小花开放顺序	小花开放顺序	Opening order of floweret	C	46			1:花轴基部向顶端顺序推进,依次开放。2:花轴中部的花先开,然后向两端开放。3:花轴顶端向基部顺序推进,依次开放	1:Base to top 2:Middle to side 3:Top to base	花轴基部的花先开,然后向顶端顺序推进,依次开放
66	224	单果重	单果重	Fruit weight	N	5	1	g			18.2g
67	225	果实形状	果实形状	Fruit shape	C	6			1:球形 2:卵圆形	1:Roundness 2:Orbicular – ovate	球形
68	226	果皮颜色	果皮颜色	Pericarp colour	C	4			1:绿 2:深绿	1:Green 2:Brilliant green	深绿
69	227	果皮质地	果皮质地	Pericarp texture	C	4			1:光滑 2:粗糙	1:Smooth 2:Rough	光滑
70	228	果顶形状	果顶形状	Shape of fruit apex	C	16			1:乳头状突起不明显 2:乳头状突起明显 3:乳头状突起极明显	1:Non constat in papilla 2:Constat in papilla 3:Mighty constat in papilla	乳头状突起不明显

（续）

序号	代号	描述符	字段名	字段英文名/学名	字段类型	字段长度	字段小数位	单位	代码	代码英文名	例子
71	229	果柄长度	果柄长度	Length of fruit stalk	N	3	0	mm			1:短(≤4mm) 2:中(>4mm,≤6mm) 3:长(>6mm)
72	230	壳果大小	壳果大小	Size of shell	N	4	1	mm			1:小(<5.0g) 2:中(>5.0g,≤7.0g) 3:大(>7.0g)
73	231	壳果形状	壳果形状	Shape of shell	C	6			1:球形 2:卵圆形 3:半球形	1:Spherical 2:Ovoid 3:Hemispherical	卵圆形
74	232	壳果质地	壳果质地	Texture of shell	C	4			1:粗糙 2:光滑	1:Rough 2:Smooth	粗糙
75	233	果实斑纹分布	果实斑纹分布	Tabby of shell	C	22			1:很少 2:少,集中在萌发孔及基部 3:少,分布较散 4:多,集中在萌发孔附近 5:多,较分散	1:Very little 2:A little, focus at the bourgeoned hole and the base 3:A little,distributing dispersedly 4:More,focus at the bourgeoned hole and its round 5:More,distributing dispersedly	很少

（续）

序号	代号	描述符	字段名	字段英文名/学名	字段类型	字段长度	字段小数位	单位	代码	代码英文名	例子
76	234	果壳厚度	果壳厚度	Depth of shell	N	5	2				1:薄(≤4.0mm) 2:中(>4.0mm,<6.5mm) 3:厚(>6.5mm)
77	235	腹缝线	腹缝线	Suture	C	6			1:明显 2:不明显	1:Obvious 2:Obscure	不明显
78	236	果仁大小	果仁大小	Size of kernel	N	4	1	g			1:小(≤2.0g) 2:中(>2.0g,≤3.0g) 3:大(>3.0g)
79	237	果仁颜色	果仁颜色	Color of kernel	C	4			1:浅白 2:白 3:乳黄 4:其他	1:Offwhite 2:White 3:Yellowish 4:Other	白
80	301	初花树龄	初花树龄	Year age of initial blooming	N	2	0	年			3年

（续）

序号	代号	描述符	字段名	字段英文名/学名	字段类型	字段长度	字段小数位	单位	代码	代码英文名	例子
81	302	花期	花期	Flowering period	N	2	0	d			45d
82	303	初花期	初花期	First flowering period	D	8					20030204
83	304	盛花期	盛花期	Full flowering period	D	8					20030219
84	305	末花期	末花期	Last flowering period	D	8					20030307
85	306	初果树龄	初果树龄	Tree age of first bearing fruit	N	2	0	年			4年
86	307	盛果期	盛果期	Tree age of flourishing bearing fruit	N	2	0	年			8年
87	308	树势	树势	Tree vigour	C	2			1:弱 2:中 3:强	1:Weak 2:Intermediate 3:Strong	强

（续）

序号	代号	描述符	字段名	字段英文名/学名	字段类型	字段长度	字段小数位	单位	代码	代码英文名	例子
88	309	成花能力	成花力	Percentage of fertile fruit	C	4			1:稀疏 2:中等 3:茂盛	1:Sparse 2:Intermediate 3:Flourish	茂盛
89	310	坐果率	坐果率	Ration of fruit set	N	5	1	%			0.3%
90	311	成熟果自然脱落状况	脱落状况	Natural drop of mature fruit	C	8			1:少量脱落 2:脱落	1:A little 2:Drop	脱落
91	312	果实成熟期	成熟期	Fruit mature period	C	2			1:早 2:中 3:晚	1:Early 2:Intermediate 3:Late	中
92	313	单株产量	单株产量	Yield of a tree	N	4	0	kg			15
93	314	果实收获期	果实收获期	Harvest season	N	2	0	d			35
94	315	始收期	始收期	First harvesting date	D	4					0928
95	316	集中采收期	集中采收期	Mass arvesting date	D	4					1015

（续）

序号	代号	描述符	字段名	字段英文名/学名	字段类型	字段长度	字段小数位	单位	代码	代码英文名	例子
96	317	末收期	末收期	Late harvesting date	D	8					1108
97	318	贮存期	贮存期	Fruit storage period	N	3	0	d			234
98	401	出仁率	出仁率	Kernel percentage	N	5	1	%			32.5
99	402	一级果仁率	一级果仁率	No.1kernel percentage	N	5	1	%			
100	403	粗脂肪含量	粗脂肪含量	Kernel oil percentage	N	6	2	%			78.65
101	404	粗蛋白含量	粗蛋白含量	Crude protein content	N	6	2	%			8.06
102	405	可溶性糖含量	可溶性糖含量	Soluble sugar content	N	6	2	%			2.78

（续）

序号	代号	描述符	字段名	字段英文名/字名	字段类型	字段长度	字段小数位	单位	代码	代码英文名	例子
103	501	抗风性	抗风性	Wind resistance	C	4			1:极抗 3:高抗 5:中抗 7:低抗 9:不抗	1:Extreme resistant 3:High resistant 5:Intermediate resistant 7:Low resistant 9:Not resistant	低抗
104	502	抗旱性	抗旱性	Drought resistance	C	4			1:极抗 3:高抗 5:中抗 7:低抗 9:不抗	1:Extreme resistant 3:High resistant 5:Intermediate resistant 7:Low resistant 9:Not resistant	中抗
105	503	抗寒性	抗寒性	Low temperature resistance	C	4			1:极抗 3:高抗 5:中抗 7:低抗 9:不抗	1:Extreme resistant 3:High resistant 5:Intermediate resistant 7:Low resistant 9:Not resistant	中抗

（续）

序号	代号	描述符	字段名	字段英文名/学名	字段类型	字段长度	字段小数位	单位	代码	代码英文名	例子
106	504	抗高温性	抗高温性	High temperature resistance	C	4			1:极抗 3:高抗 5:中抗 7:低抗 9:不抗	1:Extreme resistant 3:High resistant 5:Intermediate resistant 7:Low resistant 9:Not resistant	高抗
107	601	花序枯萎病	花序枯萎病	*Botrytis cinerea*	C	8			0:免疫 1:高度抗病 3:中度抗病 5:抗病 7:感病 9:高度感病	0:Immune 1:Highly Resistant 3:Moderately Resistant 5:Resistant 7:Moderately Susceptible 9:Highly Susceptible	
108	602	花疫病	花疫病	*Phytophthora cinmamomi* *Phytophthora capsici*	C	8			0:免疫 1:高度抗病 3:中度抗病 5:抗病 7:感病 9:高度感病	0:Immune 1:Highly Resistant 3:Moderately Resistant 5:Resistant 7:Moderately Susceptible 9:Highly Susceptible	

（续）

序号	代号	描述符	字段名	字段英文名/学名	字段类型	字段长度	字段小数位	单位	代码	代码英文名	例子
109	603	炭疽病（也叫坚果炭疽病、果壳腐烂病）	炭疽病（也叫坚果炭疽病、果壳腐烂病）	Colletotrichum gloeosporioides Penz	C	8			0:免疫 1:高度抗病 3:中度抗病 5:抗病 7:感病 9:高度感病	0:Immune 1:Highly Resistant 3:Moderately Resistant 5:Resistant 7:Moderately Susceptible 9:Highly Susceptible	
110	604	果壳斑点病	果壳斑点病	Pseudocercospora sp.	C	8			0:免疫 1:高度抗病 3:中度抗病 5:抗病 7:感病 9:高度感病	0:Immune 1:Highly Resistant 3:Moderately Resistant 5:Resistant 7:Moderately Susceptible 9:Highly Susceptible	
111	605	花螟	花螟	Homoeosoma vagella Zeller	C	4			1:极抗 3:高抗 5:中抗 7:低抗 9:不抗	1:Extreme resistant 3:High resistant 5:Intermediate resistant 7:Low resistant 9:Not resistant	

（续）

序号	代号	描述符	字段名	字段英文名/学名	字段类型	字段长度	字段小数位	单位	代码	代码英文名	例子
112	606	光亮缘蝽	光亮缘蝽	*Amblypella nitida* Stal.	C	4			1:极抗 3:高抗 5:中抗 7:低抗 9:不抗	1:Extreme resistant 3:High resistant 5:Intermediate resistant 7:Low resistant 9:Not resistant	
113	607	褐缘蝽	褐缘蝽	*Amblypella lutescens* Distant	C	4			1:极抗 3:高抗 5:中抗 7:低抗 9:不抗	1:Extreme resistant 3:High resistant 5:Intermediate resistant 7:Low resistant 9:Not resistant	
114	608	荔枝异形小卷蛾	荔枝异形小卷蛾	*Cryptophlebia ombrodelta* Lower	C	4			1:极抗 3:高抗 5:中抗 7:低抗 9:不抗	1:Extreme resistant 3:High resistant 5:Intermediate resistant 7:Low resistant 9:Not resistant	

（续）

序号	代号	描述符	字段名	字段英文名/学名	字段类型	字段长度	字段小数位	单位	代码	代码英文名	例子
115	609	坚果缢枝螟	坚果缢枝螟	*Neodrepta luteotactella* Walker	C	4			1:极抗 3:高抗 5:中抗 7:低抗 9:不抗	1:Extreme resistant 3:High resistant 5:Intermediate resistant 7:Low resistant 9:Not resistant	
116	610	蓟马	蓟马	*Scirtothrips dorsallis* Hood	C	4			1:极抗 3:高抗 5:中抗 7:低抗 9:不抗	1:Extreme resistant 3:High resistant 5:Intermediate resistant 7:Low resistant 9:Not resistant	
117	701	随机扩增多态性DNA(RAPD)	随机扩增多态DNA	Random Amplified Polymorphic DNA	C	40					
118	702	扩增片段长度多态性(AFLP)	扩增片段长度多态性	Amplified Fragment Length Polymorphic	C	40					

（续）

序号	代号	描述符	字段名	字段英文名/学名	字段类型	字段长度	字段小数位	单位	代码	代码英文名	例子
119	703	简单序列重复区间扩增多态性（ISSR）	简单序列重复区间扩增多态性	Inter - Simple Sequence Repeat	C	40					
120	704	简单重复序列（SSR）	简单重复序列	Simple Sequence Repeat	C	40					
121	705	其他分子标记	其他分子标记	Other molecular marker	C	40					
122	801	染色体数目	染色体数目	Chromosome number	N	2	0	条			
123	802	染色体倍数	染色体倍性	Multiple of chromosome	N	1	0				

第五节　澳洲坚果种质资源
数据质量控制规范

1　范围

本规范规定了澳洲坚果种质资源数据采集过程中的质量控制内容和方法。

本规范适用于澳洲坚果种质资源的整理、整合和共享。

2　规范性引用文件

下列标准中的条款通过本规范的引用而成为本规范的条款。凡是注日期的引用标准，其随后所有的修改单（不包括勘误的内容）或修订版均不适用于本规范。但是，鼓励根据本标准达成协议的各方研究是否可使用这些文件的最新版本。凡是不注日期的引用标准，其最新版本适用于本规范。

ISO 3166—1　国家和他们的地区名的代码表示法　第 1 部分：地区代码

ISO 3166—2　国家和他们的地区名的代码表示法　第 2 部分：国家地区代码

ISO 3166—3　国家和他们的地区名的代码表示法　第 3 部分：国家以前所用名的代码

GB/T 2260　全国县及县以上行政区划代码表

GB/T 12404　单位隶属关系代码

GB/T 10466—1989　蔬菜、水果形态和结构术语（一）

GB/T 5009.5—1985　食品中蛋白质的测定方法

GB/T 5512　粮食、油料检验　粗脂肪的测定方法

GB 6194—1986　水果、蔬菜可溶性糖测定法

NY/T 454—2001　澳洲坚果　种苗

NY/T 693—2003　澳洲坚果　果仁

NY 5023—2002　无公害食品　热带水果产地环境条件

3　数据质量控制的基本方法

3.1　形态特征和生物学特性观测试验设计

3.1.1　试验地点

试验地点的气候和生态条件应能够满足澳洲坚果植株的正常生长、发育及其性状的正常表达。

3.1.2　田间设计

采用单株小区，重复5~6次，株距5.0 m，行距6.0 m。

3.2　栽培环境条件控制

华南和西南热带地区以春夏之交的小雨季节定植较好，在干湿季节明显的地区，雨季结束前1个月完成定植，定植的种苗应符合NY/T 454—2001《澳洲坚果　种苗》的标准。

试验地地势平坦（坡度不小于5°）、土层深厚、土质疏松、肥力中等均匀、无风害、灌水排水条件良好、试验地要远离污染、无人畜侵扰、附近无高大建筑物。试验地环境应符合 NY 5023—2002《无公害食品　热带水果产地环境条件》的标准。试验地的栽培管理与大田生产基本相同，采用相同的水肥管理，及时防治病虫害，不能进行对于生长、开花和结果有影响的栽培技术处理，保证植株的正常生长。

3.3　对照品种和保护行设置

形态特征和生物学特性观测试验应设置对照品种，试验地周围应设保护行和保护区。

3.4　数据采集

3.4.1　形态特征和生物学特性观测试验原始数据的采集应在种质正常生长发育情况下获得。

3.4.2　如遇自然灾害等因素严重影响植株的正常生长，应重新在符合3.4.1的条件下进行观测试验和原始数据的采集。

3.5　试验数据统计分析和校验

每份种质的形态特征和生物学特性观测数据依据对照品种进行校验。根据每年5~6次重复、2个年度的观测校验值，计算每份种质性状的平均值、变易系数和标准差，并进行方差分析，判断试验结果的稳定性和可靠性。取校验值的平均值作为该种质的性状值。

4 基本信息

4.1 种质基本信息

4.1.1 全国统一编号

澳洲坚果种质资源的全国统一编号。如 AZJG0811，其中 AZJG 代表澳洲坚果种质，后四位顺序号从 0001 到 9999，代表具体澳洲坚果种质的编号。全国统一编号具有唯一性。

4.1.2 种质库编号

澳洲坚果种质资源长期保存库编号，种质库编号是由 8 位字符串组成，如Ⅱ5A0021，其中Ⅱ代表国家农作物种质资源长期库中的 2 号库，5 代表瓜类蔬菜，A 代表黄瓜，后四位为顺序号，从 0001 到 9999，代表具体黄瓜种质的编号。只有已进入国家农作物种质资源长期库保存的种质才有种质库编号。每份种质具有唯一的种质库编号。

4.1.3 种质圃编号

澳洲坚果种质资源保存圃编号，每份种质具有唯一的种质圃编号。

4.1.4 采集号

澳洲坚果种质在野外采集时赋予的编号，一般由年份加 2 位省份代码加顺序号组成。

4.1.5 引种号

引种号是由年份加 4 位顺序号组成的 8 位字符串，如 19940024，前 4 位表示种质从境外引进年份，后 4 位为顺序号，从 0001 到 9999。每份引进种质具有唯一的引种号。

4.1.6 种质名称

国内种质的原始名称，如果有多个名称，可以放在英文括号内，用英文逗号分隔，如种质名称 1（种质名称 2、种质名称 3）；国外引进种质如果没有中文译名，可以直接填写种质的外文名。

4.1.7 种质外文名

国外引进种质的外文名和国内种质的汉语拼音名。每个汉字的汉语拼音之间空一格，每个汉字汉语拼音的首字母大写，如 Gui Re Yi Hao。国外引进种质的外文名应注意大小写和空格。

4.1.8　科名

种质资源在植物分类学上的科名。科名由拉丁名加英文括号内的中文名组成，如 Proteaceae（山龙眼科）。如没有中文名，直接填写拉丁名。

4.1.9　属名

种质资源在植物分类学上的属名。属名由拉丁名加英文加用括号括起来的中文名组成，如 *Macadamia*（澳洲坚果属）。如没有中文名，直接填写拉丁名。

4.1.10　学名

澳洲坚果的科学名称。学名由拉丁名加用括号括起来的中文名组成，如 *Macadamia teraphylla* L. A. S. Johnoson（四叶澳洲坚果）。如没有中文名，直接填写拉丁名，如 *Macadamia ternifolia* F. Mueller。

4.1.11　种质类型

澳洲坚果种质资源的类型分为 7 类：

1　野生资源
2　半野生资源
3　地方品种
4　引进品种
5　选育品种
6　遗传材料
7　其他

4.1.12　主要特性

澳洲坚果种质资源的主要特性分为 7 类：

1　高产
2　优质
3　抗病
4　抗虫
5　抗逆

6　早产

7　其他

4.1.13　主要用途

澳洲坚果种质资源的主要用途分为7类：

1　食用

2　药用

3　观赏

4　纤维

5　材用

6　砧木用

7　其他

4.1.14　系谱

澳洲坚果选育品种（系）的亲缘关系。例如 Greber Hybrid 的系谱为"OC×D4"。

4.1.14.1　母本

育成的澳洲坚果品种的母本名称。

4.1.14.2　父本

育成的澳洲坚果品种的父本名称。

4.1.15　遗传背景

澳洲坚果种质资源的遗传背景情况。

1　自花授粉

2　自然授粉

3　异花授粉

4　种间杂交

5　种内杂交

6　无性选择

7　自然突变

8　人工诱变

9　其他

其他更特殊的信息可以写在备注里。

4.1.16　无性系特点

澳洲坚果种质资源无性系的特点。

1　　接穗/砧木

2　　扦插植株

3　　根接植株

4　　组培材料

5　　其他

4.1.17　带毒状况

澳洲坚果种质资源的植株携带病毒的情况。

1　　无毒

2　　有病毒

3　　没有检测

4　　脱毒

4.2　种质收集信息

4.2.1　选育单位

选育澳洲坚果品种（系）的单位名称或个人。单位名称应写全称，例如中国热带农业科学院南亚热带作物研究所。

4.2.2　育成年份

澳洲坚果品种（系）培育成功的年份。例如 1980、2002 等。

4.2.3　原产国

澳洲坚果种质原产国家名称、地区名称或国际组织名称。国家和地区名称参照 ISO 3166 - 1、ISO 3166 - 2 和 ISO 3166 - 3，如该国家已不存在，应在原国家名称前加"前"，如"前苏联"。国家组织名称用该组织的英文缩写，如 IPGRI。

4.2.4　原产省

澳洲坚果种质原产省份，省份名称参照 GB/T 2260。

4.2.5　原产地

澳洲坚果种质的原产县、乡、村名称。县名参照 GB/T 2260。

4.2.6　原产地经度

澳洲坚果种质资源原产地的经度，单位为度和分。格式为 DDDFF，其中 DDD 为度，FF 为分。东经为正值，西经为负值，例如，12125 代表东经 121°25′，−10209 代表西经 102°9′。

4.2.7　原产地纬度

澳洲坚果种质资源原产地的纬度，单位为度和分。格式为 DDFF，其中 DD 为度，FF 为分。北纬为正值，南纬为负值，例如，3208 代表北纬 32°8′，−2542 代表南纬 25°42′。

4.2.8　原产地海拔

澳洲坚果种质资源原产地的海拔，单位为 m。

4.2.9　采集地

澳洲坚果种质的来源国家、省、县名称，地区名称或国际组织名称。国家、地区和国际组织名称同 4.10，省和县名称参照 GB/T 2260。

4.2.10　采集单位

澳洲坚果种质采集单位名称。单位名称应写全称，例如中国热带农业科学院南亚热带作物研究所。

4.2.11　采集时间

采集澳洲坚果种质的时间。种质采集时间由 8 位数字组成，前 4 位为年份，中间 2 位为月份（1 月到 9 月用 01 到 09 表示，下同），后两位为日期（1 日到 9 日用 01 到 09 表示，下同）。

4.2.12　采集材料

澳洲坚果种质收集时其采集的种质材料类型分为 8 类：

　　1　　种子
　　2　　果实
　　3　　芽
　　4　　芽条
　　5　　花粉
　　6　　组培材料
　　7　　苗木
　　8　　其他

4.3　种质保存信息

4.3.1　保存单位

负责澳洲坚果种质繁殖、并提交国家种质资源长期库前的原保存单位名称。单位名称应写全称，例如中国热带农业科学院南亚热带作物研究所。

4.3.2 保存单位编号

澳洲坚果种质在原保存单位中的种质编号。保存单位编号在同一保存单位应具有唯一性。

4.3.3 种质保存名

澳洲坚果种质在资源圃中保存时所用的名称，应与来源号相一致。

4.3.4 入圃编号

澳洲坚果种质资源在种质圃中的编号。

4.3.5 保存种质类型

保存澳洲坚果种质资源的类型，分为 6 类：

1　　植株

2　　种子

3　　组织培养物

4　　花粉

5　　标本

6　　其他

4.3.6 种质定植年份

澳洲坚果种质资源在资源圃中定植的年份。

4.3.7 种质更新年份

澳洲坚果种质资源进行更新的年份。

4.3.8 照片

在收集地点是否对种质或环境拍照片，"是"表示有照片、"否"表示没有照片。

4.3.9 图像

澳洲坚果种质的图像文件名，图像格式为 .jpg。图像文件名由统一编号加"-"加序号加".jpg"组成。如有多个图像文件，图像文件名用英文分号分隔，如"统一编号-1.jpg；统一编号-2.jpg"。图像对象主要包括植株、花、果实、特异性状等。图像要清晰，对象要突出。

4.4 种质鉴定评价信息

4.4.1 特性鉴定评价的机构名称

澳洲坚果种质特性鉴定评价的机构名称。单位名称应写全称，例如中国热带农业科学院南亚热带作物研究所。

4.4.2 鉴定评价的地点

澳洲坚果种质形态特征和生物学特性的鉴定评价地点，记录到省和县名，如广东省湛江市麻章区。

5 形态特征和生物学特性

5.1 植株

5.1.1 树龄

从定植到描述评价时的时间长短，单位为年，精确到整数。

5.1.2 树姿

在植株的生长期，从整个试验小区随机取样 5 株，采用目测和量角器测量相结合的方法，观察和测量植株最大主枝与主干夹角，依据夹角的平均值确定树姿。单位为（°），精确到整数。

按照下列标准，确定不同种质枝条展开后与主枝相比的着生状态。

  1 直立（主枝与主干夹角<30°）

  2 半开张（中等主枝与主干夹角在≥30°、≤60°）

  3 开张（中等主枝与主干夹角在>60°）

5.1.3 树形（图 6-16）

在植株的结果期，以整个试验小区的植株为观测对象，采用目测法观测植株树冠结构的外形。

参照树形模式图，确定种质的树形。

  1 圆形

  2 半圆形

  3 圆锥形

  4 阔圆形

  5 不规则形

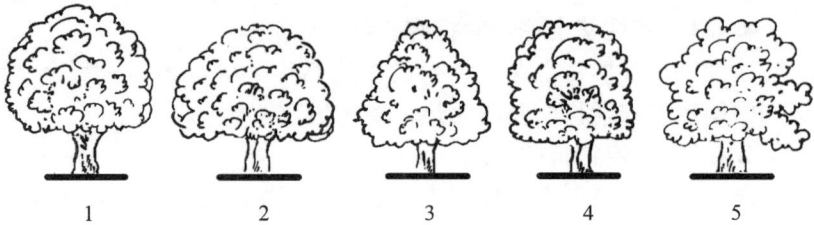

图 6-16　树形

5.1.4　主干直径

在植株的生长期，从整个试验小区随机取样 5 株，≤5 龄植株采用游标卡尺测量主干的直径，>5 龄植株采用卷尺测量主干的周长，转换成主干直径，取平均值。实生树或空中压条树，从离地面 20 cm 高处测量；嫁接树，从嫁接位以上 20 cm 处测量。单位为 cm，精确到 0.1 cm。

5.1.5　主枝分枝角度（图 6-17）

选材同 1.1.4，目测主枝与树干之间的夹角。

　　1　锐角（夹角<90°）
　　2　钝角（夹角>90°）

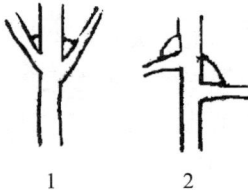

图 6-17　主枝分枝角度

5.1.6　新梢颜色

在植株抽梢期，以整个试验小区的植株为观测对象，在新梢叶片刚刚展开时，枝条尚未木质化时，在正常一致的光照条件下，采用目测法观察植株幼嫩枝条尚未木质化时的表皮颜色。

根据观察结果，与标准色卡颜色进行比对，确定种质的幼嫩枝条颜色。

　　1　　鲜绿、有光泽

　　2　　粉红、光泽明显

5.1.7　枝条生长量

在植株抽梢结束期，从整个试验小区随机选取 60 条当年抽生的枝条，采用卷尺测量其长度，计算出平均值，单位为 cm，精确到 0.1 cm。

根据测量结果，按照下列标准，确定不同种质枝条的生长量。

　　1　　短（≤35 cm）

　　2　　中（>35 cm，≤45 cm）

　　3　　长（>45 cm）

5.1.8　枝条分支量

在植株的生长期，从整个试验小区随机取样 5 棵植株，采用统计的方法，计算出植株三级分支的个数。

根据测量结果，按照下列标准，确定不同种质枝梢自然分支枝量。

　　1　　少

　　2　　中等

　　3　　多

5.2　叶

5.2.1　叶序

在树冠外围中上部随机选取 5 个生长正常的老熟枝条，采用目测法观察中部具有代表性的叶序类型。

　　1　　三叶轮生

　　2　　四叶轮生

5.2.2　叶片形状（图 6-18）

在植株的生长期，以整个试验小区的植株为观测对象，采用目测法观察中部完整老熟且具有代表性叶片的形状。

参照叶形模式图，确定种质的叶形。

　　1　　倒卵形

　　2　　椭圆形

　　3　　长椭圆形

　　4　　**倒披针形**

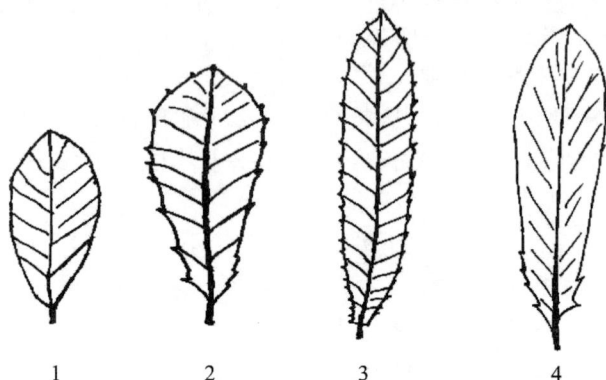

图 6 - 18　叶　形

5.2.3　叶尖形状（图 6 - 19）

在植株的生长期，以整个试验小区的植株为观测对象，采用目测法观察中部完整老熟叶片的叶尖状况。

参照叶尖形状模式图，确定种质的叶尖形状。

　　1　截形
　　2　钝尖
　　3　急尖
　　4　锐尖

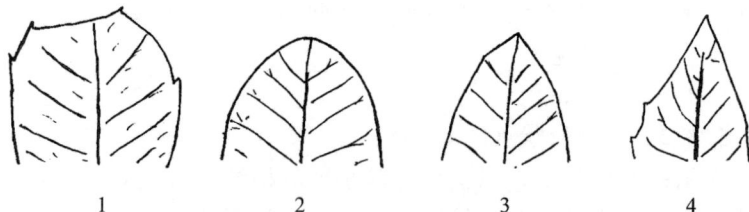

图 6 - 19　叶　尖

5.2.4　叶基形状（图 6 - 20）

在植株的生长期，以整个试验小区的植株为观测对象，采用目测法观察中部完整老熟叶片的叶基状况。

参照叶基形状模式图，确定种质的叶基形状。

1　　渐尖

2　　急尖

3　　截形

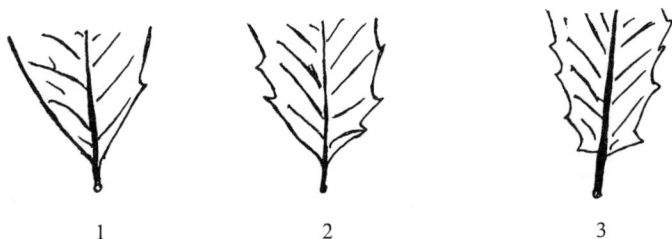

图 6-20　叶　基

5.2.5　叶片颜色

在植株的生长期，以整个试验小区的植株为观测对象，在正常一致的光照条件下，采用目测法观察植株中部完整老熟叶片正面的颜色。

根据观察结果，与标准色卡上相应代码的颜色进行比较，确定种质的叶色。

1　　浅绿

2　　绿

3　　深绿

4　　黄绿

5　　粉红

6　　其他

上述没有列出的其他叶色，需要另外给予详细的描述和说明。

5.2.6　叶面状态

在植株的生长期，以整个试验小区的植株为观测对象，采用目测法观察中部完整老熟叶片的叶面状态。

参照叶面状态模式图（图 6-21），确定种质的叶面状态。

1　　平展（叶面平展，横断面呈直线状）

2　　下弯（叶面下弯或反卷，横断面呈弧形下弯或下卷）

3　　内弯（叶面内弯，横断面呈弧形或 V 形上弯）

4   扭曲（叶面扭曲，横断面呈螺旋状扭曲）。

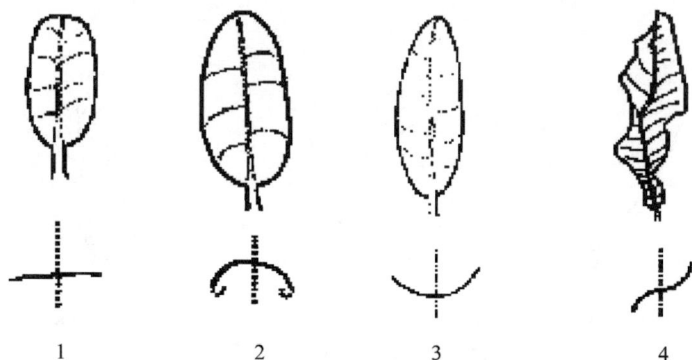

1   2   3   4

图 6 - 21   叶面状态

5.2.7   叶片长度

在植株的生长期，从每个试验小区随机取样 60 片完整老熟叶片，用直尺测量每片叶片的基部至叶先端的长度，计算平均值（参照图 6 - 1）。单位为 cm，精确到 0.1 cm。

5.2.8   叶片宽度

在植株的生长期，从每个试验小区随机取样 60 片完整老熟叶片，用直尺测量每片叶片最宽处的宽度，计算平均值（参照 5.2 澳洲坚果叶片结构模式图）。单位为 cm，精确到 0.1 cm。

5.2.9   叶形指数

$$叶形指数 = \frac{叶片长度}{叶片宽度}$$

5.2.10   叶柄长度

在植株的生长期，从每个试验小区随机取样 60 片老熟叶片的叶柄，用直尺测量每片叶片叶柄的长度，计算平均值。单位为 mm，精确到 0.1 mm。

根据测量结果，按照下列标准，确定不同种质叶柄长度。

1   短（≤3.0 mm）

2   中（>3.0 mm，≤8.0 mm）

3   长（>8.0 mm）

5.2.11　叶缘

在叶片完全伸展后，以整个试验小区的植株为观测对象，采用目测法观察完整老熟叶片的叶缘状况。

参照叶缘模式图（图6-22），确定种质的叶缘类型。

1　　全缘

2　　波浪形

3　　极明显波浪形

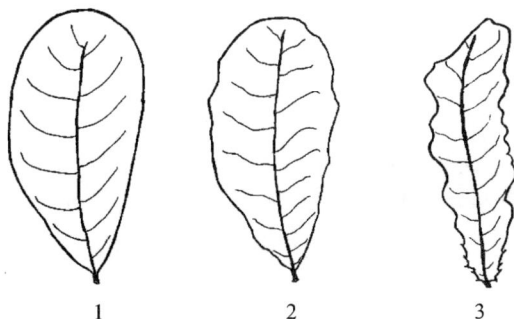

图6-22　叶　缘

5.2.12　叶缘刺

在叶片完全伸展后，以整个试验小区的植株为观测对象，采用目测的方法，观察中部完整叶片叶缘刺分布的疏密程度。

通过与对照品种比较，确定种质的叶缘刺密度。

1　　无

2　　少

3　　疏

4　　密

5.3　花序及花

5.3.1　花序长度

在植株的盛花期，从每个试验小区随机取样60个正常花序，用卷尺测量每个成熟完整花序的主轴直线长度（参照图6-2）。单位为cm，精确到0.1cm。

根据测量结果，按照下列标准，确定不同种质花序长度。

1　　短（≤15 cm）

2　　中（>15 cm，≤20 cm）

3　　长（>20 cm）

5.3.2　小花颜色

在植株的开花盛期，以整个试验小区的植株为观测对象，在正常一致的光照条件下，采用目测法观察花序中成熟小花的颜色。

根据观察结果，与标准色卡上相应代码的颜色进行比较，确定种质成熟小花的颜色。

1　　乳白

2　　粉红

3　　其他

5.3.3　小花开放顺序

在植株的开花盛期，以整个试验小区的植株为观测对象，在正常一致的光照条件下，采用目测法观察花序中各小花的开放顺序。

1　　花轴基部的花先开，然后向顶端顺序推进，依次开放。

2　　花轴中部的花先开，然后向两端推进，依次开放。

3　　花轴顶端的花先开，然后向基部顺序推进，依次开放。

5.4　果实

5.4.1　单果重（成熟新鲜带皮果重）

在植株的果实成熟期，从每个试验小区随机取样 60 个成熟度新鲜带皮果，采用感量为 10 g 的台秤称量所有果实重量。单果重依据下式计算。

$$单果重=\frac{所有果实重量}{果实个数}$$

单位为 g，运算结果四舍五入，精确到 0.1 g。

5.4.2　果实形状

在植株的结果盛期，以整个试验小区的植株为观测对象，采用目测的方法观察发育正常的带皮果的形状。

参照澳洲坚果果实形状模式图（图 6 - 23），确定种质的果实形状。

1　　球形

2　　卵圆形

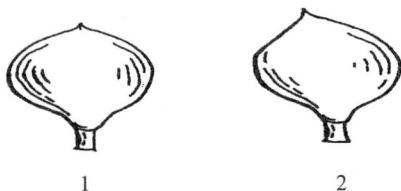

图 6 - 23　果实形状

5.4.3　果皮颜色

在植株的果实成熟期，以整个试验小区的植株为观测对象，在正常一致的光照条件下，采用目测法观察每个成熟果实的外果皮〔外果皮定义依据 GB/T 10466—1989 蔬菜、水果形态学和结构学术语（一）中 2.30.2，下同。〕颜色。

根据观察结果，与标准色卡颜色进行比对，确定种质的成熟果实外果皮颜色。

1　　绿

2　　深绿

5.4.4　果皮质地

在植株的果实成熟期，以整个试验小区的植株为观测对象，采用目测法和触摸法确认外果皮质地。

1　　光滑（表面非常平滑）

2　　粗糙（表面有瘤状小突起）

5.4.5　果顶形状（图 6 - 24）

在植株的果实成熟期，以整个试验小区的植株为观测对象，在正常一致的光照条件下，采用目测法观察每个成熟带皮果的果顶形状。

参照澳洲坚果果实果顶形状模式图（图 6 - 24），确定种质的果顶形状。

1　　乳头状突起不明显

2　　乳头状突起明显

3　　乳头状突起极明显

图 6-24 果顶形状

5.4.6 果柄长度

在植株果实成熟大量采收日期，从每个试验小区随机取样 60 个正常果实，用卷尺测量每个成熟完整果实的果柄（参照图 6-3）。单位为 mm，精确到 1 mm。

根据测量结果，按照下列标准，确定不同种质果柄长度。

1　短（≤4 mm）
2　中（>4 mm，≤6 mm）
3　长（>6 mm）

5.5　壳果

5.5.1　干壳果重量（壳果大小）

在植株的果实成熟期，从每个试验小区随机取样 60 个成熟的新鲜带皮果，去皮后，壳果依次在 38 ℃下干燥 48 h、45 ℃下干燥 48 h、60 ℃下干燥 48 h，采用感量为 10 g 的台秤称量所有壳果重量。单壳果重依据下式计算。

$$单干壳果重 = \frac{所有干壳果重量}{果实个数}$$

单位为 g，运算结果四舍五入，精确到 0.1 g。

根据上面计算结果和下列说明，确定种质干壳果的大小分级。

1　小（<5.0 g）
2　中（≥5.0 g，≤7.0 g）
3　大（>7.0 g）

5.5.2　壳果形状

以 5.5.1 中采集的果样为观测对象，采用目测的方法观察完整壳果的形状。

参照澳洲坚果壳果形状模式图（图 6-25），确定种质的壳果形状。

　　1　　球形

　　2　　卵圆形

　　3　　半球形

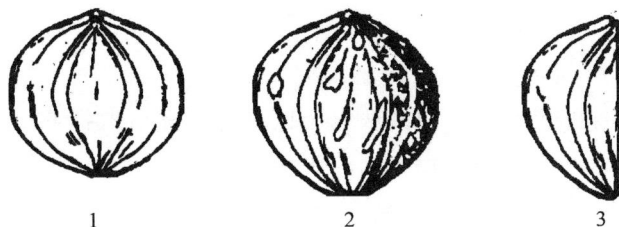

图 6-25　壳果形状

5.5.3　壳果质地

以 5.5.1 中采集的果样为观测对象，观察果壳的光滑程度，按最大相似原则，确定果壳质地。

　　1　　粗糙

　　2　　光滑

5.5.4　果实斑纹分布

以 5.5.1 中采集的果样为观测对象，采用目测的方法观察发育正常的壳果表面的果实斑纹的有无和大小。

　　1　　很少

　　2　　少，集中在萌发孔及基部

　　3　　少，分布较散

　　4　　多，集中在萌发孔附近

　　5　　多，较分散

5.5.5　果壳厚度

以 5.5.1 中采集的果样为观测对象，破壳后测量果壳最厚面的厚度。单位为 mm。根据测量结果和下列说明，确定种质果壳的厚度分级。

　　1　　薄（$\leqslant 4.0$ mm）

　　2　　中（> 4.0 mm，$\leqslant 6.5$ mm）

3　　厚（＞6.5 mm）

5.5.6　腹缝线

以 5.5.1 中采集的果样为观测对象，采用目测的方法观察发育正常的壳果表面腹缝线的明显程度。

1　　明显

2　　不明显

5.5.7　果仁大小

在植株的果实成熟期，从每个试验小区随机取样 60 个成熟的新鲜带皮果，去皮后，壳果依次在 38 ℃下干燥 48 h、45 ℃下干燥 48 h、60 ℃下干燥 48 h，脱壳后，采用感量为 10 g 的台秤称量所有果仁重量。单果仁重依据下式计算。

$$单果仁重量=\frac{所有果仁重量}{果实个数}$$

单位为 g，运算结果四舍五入，精确到 0.1 g。

根据上面计算结果和下列说明，确定种质果仁的大小分级。

1　　小（≤2.0 g）

2　　中（＞2.0 g，≤3.0 g）

3　　大（＞3.0 g）

5.5.8　果仁颜色

以 5.4.6 中的果样为观测对象，在正常一致的光照条件下，采用目测的方法观察每个果仁的颜色。

根据观察结果，与标准色卡颜色进行比对，确定种质的果仁颜色。

1　　浅白

2　　白

3　　乳黄

4　　其他

6　农艺性状

6.1　物候期

日期记载格式为 YYYYMMDD。如 20030328，表示 2003 年 3

月 28 日。

6.1.1 初花树龄

从标准苗木定植到第一次开花的时间，初花树龄由两位数字组成，单位为年。如 05 年，表示该种质初花树龄为 5 年。

6.1.2 花期

初花期（按 6.1.2.1）到末花期（按 6.1.2.3）之间的间隔天数。花期由两位数字组成，单位为 d。

6.1.2.1 初花期

在植株的开花期，整个试验小区有≥5％，<25％的花朵完全开放的时间。采用目测法观察各个试验小区花朵完全开放时间。表示方法为年月日，格式 YYYYMMDD。如 20030328，表示 2003 年 3 月 28 日初花。

6.1.2.2 盛花期

在植株的开花期，整个试验小区有≥25％、≤75％的花朵完全开放的时间。采用目测法观察各个试验小区花朵完全开放时间。表示方法和格式同 6.1.2.1。

6.1.2.3 末花期

在植株的开花期，整个试验小区有>75％的花朵完全开放的时间。采用目测法观察各个试验小区花朵完全开放时间。表示方法和格式同 6.1.2.1。

6.1.3 初果树龄

从标准苗木定植到第一次结果的时间，初果树龄由两位数字组成，单位为年。

6.1.4 盛果树龄

从标准苗木定植到第一次出现最高产量的时间，盛果树龄由两位数字组成，单位为年。

6.2 生长结果习性

6.2.1 树势

在正常条件下，以整个试验小区为调查对象，观察整个植株生长所表现的强弱程度。确定种质的树势。

  1 弱

2　中

3　强

6.2.2　成花能力

在植株的盛花期，从每个试验小区随机选取 5 株树，每株随机选取一个正常的主枝，对比标准品种，确定种质成花的能力。

1　稀疏

2　中等

3　茂盛

6.2.3　坐果率

在花期和生理落果后，从每个试验小区随机选取 5 株树，每株随机选取一个正常的主枝，在没有人工和其他辅助授粉措施下，植株的果实数占开花数的百分率，确定种质的坐果率。坐果率依据下式计算。

$$坐果率 = \frac{果实数}{开花数} \times 100\%$$

运算结果四舍五入，精确到 0.1%。

6.2.4　成熟果自然脱落状况

在果实的成熟期，以整个试验小区全部植株为调查对象，观察树上成熟果自然脱落状况，确定种质成熟果自然脱落状况。

1　少量脱落

2　脱落

6.2.5　果实成熟期

在植株的结果期，以整个试验小区为调查对象，大量采果日期为比对日期，以 246 品种参照，进行果实成熟期比对，确定种质的果实成熟期。

1　早

2　中

3　晚

6.3　单株产量

在植株的果实成熟期，从整个试验小区随机取样 5 株，用磅秤称量 5 株发育正常的成熟带皮鲜果的产量，单位为 kg，精确到

1 kg，并按 5 棵植株的总产量折算出单株产量，单位为 kg，运算结果四舍五入，精确到个位数。

6.4　果实收获期

在植株的结果期，始收期（按 6.4.1）到末收期（按 6.4.3）之间的间隔天数。果实收获期由两位数字组成，单位为 d。

6.4.1　始收期

以整个试验小区全部植株为调查对象，在果实的成熟期，记录 5％自然落果的日期（OC 品种除外）。格式为 MMDD。如 0928，表示 9 月 28 日。

6.4.2　集中采收期

在植株的结果期，在整个试验小区集中采收落果的日期。表示方法和格式同 6.4.1。

6.4.3　末收期

以整个试验小区全部植株为调查对象，记录 95％自然落果的日期（OC 品种除外）。表示方法和格式同 6.4.1。

6.5　贮存期

在植株的结果期，从每个试验小区随机取样 60 个发育正常成熟的果实，去皮后，带壳果放置常温条件下储藏，90％以上的果仁口感基本正常、风味基本正常、色泽基本正常所贮藏的时间，确定鲜壳果的贮存期。单位为 d。

7　品质性状

7.1　出仁率

在植株的结果期，从每个试验小区随机取样 60 个发育正常成熟的果实，去皮后，壳果依次在 38 ℃下干燥 48 h、45 ℃下干燥48 h、60 ℃下干燥 48 h，当果仁含水量为（1.5％±0.5％）时，把干燥的壳果冷却降温，称壳果重量（W_1），打破壳果，取出果仁，包括完整的、一半的或果仁碎片，称出以上两类果仁的重量（W_2），计算 W_2 占 W_1 的百分率，确定种质的出仁率。出仁率依据下式计算。

$$出仁率 = \frac{果仁的重量（W_2）}{壳果重量（W_1）} \times 100\%$$

运算结果四舍五入，重量精确到 0.1 g，出仁率精确到 0.1％。

7.2   一级果仁率

参照 7.1 中的方法进行采样和样品处理。

将处理所得果仁倒入水中静置，把浮在水面上的果仁（包括浮在水中的果仁）和沉在水底的果仁捡出分开放置，在 98％乙醇脱水并分别称重，W_1 为浮在水上的果仁重，W_2 为沉在水底的果仁重，计算 W_2 占 W_1+W_2 的百分率，确定种质的一级果仁率。一级果仁率依据下式计算。

$$一级果仁率=\frac{W_2}{W_1+W_2}\times100％$$

运算结果四舍五入，重量精确到 0.1 g，一级果仁率精确到 0.1％。

7.3   粗脂肪含量

参照 7.1 中的方法进行取样和样品的准备。

参照 GB/T 5512 粮食、油料检验和粗脂肪的测定方法进行澳洲坚果果仁粗脂肪含量的测定。

7.4   粗蛋白含量

参照 7.1 中的方法进行取样和样品的准备。

参照 GB/T 5009.5—1985 食品中蛋白质的测定方法进行澳洲坚果果仁蛋白质含量的测定。

7.5   可溶性总糖含量

参照 7.1 中的方法进行取样和样品的准备。

参照 GB 6194—1986 水果、蔬菜可溶性糖测定法进行澳洲坚果可溶性糖含量的测定。

8   抗逆性

抗逆性包括抗风性、抗旱性、抗寒性、抗高温性等，应该特别指出该纪录是在人工条件还是在自然条件下进行的。抗逆性分为以下 1～9 共 5 个级别：

　　　1　　极抗

　　　3　　高抗

5　　中抗

7　　低抗

9　　不抗

9　抗病虫性状

9.1　抗病性

9.1.1　花序枯萎病（*Botrytis cinerea*）

病原 *Botrytis cinerea* 主要侵染澳洲坚果的花序，对花序枯萎病的抗性鉴定采用室内人工接种的鉴定法。

9.1.1.1　室内接种鉴定

接种病菌的准备：采集有明显枯萎病的花序，遵循柯赫氏法则进行病原菌的分离、鉴定，并对分离菌株进行单孢纯化、备用。

接种材料的准备：每供试品种采集带有花序的枝条，控制每品种有 20 个无病虫害并刚刚完全开放的花序，把枝条插入盛水的三角瓶中待用。

接种方法：把病菌于 PDA 培养基中活化培养，6 天后用无菌水制备每毫升含 1×10^6 个孢子的分生孢子悬浮液，然后用微型喷雾器喷雾于刚刚完全开放的花序中，以滴水为度，立即置于温度 $20 \pm 2 ℃$、湿度 95% 以上的人工气候箱中培养，3 天后观察发病情况，计算发病率及病情指数。

9.1.1.2　病情分级标准

0　　没有感染

1　　被感染花序占整个花序<1/4

2　　被感染花序占整个花序≥1/4，<1/3

3　　被感染花序占整个花序≥1/3，<1/2

4　　被感染花序占整个花序≥1/2，<3/4

5　　被感染花序占整个花序≥3/4

9.1.1.3　计算方法

$$发病率 = \frac{感病花序数}{调查总花序数} \times 100\%$$

$$病情指数\ DI = \frac{\Sigma（病级花序数 \times 代表级值）}{调查总花序数 \times 发病的最高级别值} \times 100$$

9.1.1.4　抗病等级

澳洲坚果不同品种对花序枯萎病的抗性等级依花序的病情指数平均值大小来确定，具体如下：

0	免疫（Immune，I）	DI $=0$
1	高度抗病（Highly Resistant，HR）	$0<$ DI$\leqslant10$
3	中度抗病（Moderately Resistant，MR）	$10<$ DI$\leqslant25$
5	抗病（Resistant，R）	$25<$ DI$\leqslant35$
7	感病（Moderately Susceptible，MS）	$35<$ DI$\leqslant45$
9	高度感病（Highly Susceptible，HS）	$45<$ DI

必要时，计算相对病情指数，用以比较不同批次试验材料的抗病性。

9.1.2　花疫病（*Phytophthora cinnamomi*，*Phytophthora capsici*）

病原 *Phytophthora cinnamomi* 和 *Phytophthora capsici* 主要侵染澳洲坚果的根、茎、花序，引起根腐、茎腐及花序疫病。澳洲坚果不同品种对以上两种病原菌的抗性鉴定主要采用对花序的接种方法。

9.1.2.1　鉴定材料的准备

接种病原菌的准备：采集有典型花疫病的花序，遵循柯赫氏法则进行病原菌的分离、鉴定，并对分离菌株用截取菌丝段的方法进行纯化、备用。

接种材料的准备：每供试品种采集带有花序的枝条，控制每品种有 20 个无病虫害并刚刚完全开放的花序，把枝条插入盛水的三角瓶中待用。

接种方法：把病原菌于 V8 蔬菜汁琼脂（V8 A）培养基中活化培养，6 天后挖取菌丝块（0.5 cm×0.5 cm）置于盛有自来水（或池塘水）的培养皿中培养 24~48 h，待长出孢子囊后，置于 4 ℃的冰箱中5 min，让其释放游动孢子，用无菌水制备每毫升含 $1×10^8$ 个游动孢子的悬浮液，然后用微型喷雾器喷雾于花序中，以滴水为度，然后置于温度 25±2 ℃、湿度 98%以上的人工气候箱中培养，3 天后观察花序的发病情况，计算发病率及病情指数。

9.1.2.2　病情分级标准

0　　没有感染

1　　被感染花序占整个花序<1/4

2　　被感染花序占整个花序≥1/4，<1/3

3　　被感染花序占整个花序≥1/3，<1/2

4　　被感染花序占整个花序≥1/2，<3/4

5　　被感染花序占整个花序≥3/4

9.1.2.3　计算方法

$$发病率 = \frac{感病花序数}{调查总花序数} \times 100\%$$

$$病情指数\ DI = \frac{\Sigma（病级花序数 \times 代表级值）}{调查总花序数 \times 发病的最高级别值} \times 100$$

9.1.2.4　抗病等级

澳洲坚果不同品种对花疫病的抗性等级依花序的病情指数平均值大小来确定，具体如下：

0　　免疫（Immune，I）　　　　　　　　　　　DI ＝0

1　　高度抗病（Highly Resistant，HR）　　　　0< DI≤10

3　　中度抗病（Moderately Resistant，MR）　10< DI≤25

5　　抗病（Resistant，R）　　　　　　　　　　25< DI≤35

7　　感病（Moderately Susceptible，MS）　　35< DI≤45

9　　高度感病（Highly Susceptible，HS）　　　45< DI

必要时，计算相对病情指数，用以比较不同批次试验材料的抗病性。

9.1.3　炭疽病（*Colletotrichum gloeosporioides* Penz）

也叫坚果炭疽病、果壳腐烂病，由 *Colletotrichum gloeosporioides* 引起的炭疽病主要侵染澳洲坚果的叶片及果实，澳洲坚果不同品种对炭疽病的抗性主要采用对离体叶片的接种鉴定。

9.1.3.1　室内接种鉴定

接种病菌的准备：采集有典型炭疽病的叶片或果实，遵循柯赫氏法则进行病原菌的分离、鉴定，并对分离菌进行单孢纯化、备用。

接种材料的准备：每供试品种采集 20 枝古铜期嫩梢，把枝条插入盛水的三角瓶中待用。

接种方法：把病菌于 PDA 培养基中活化培养，6 天后用无菌水制备每毫升含 1×10^6 个孢子的分生孢子悬浮液，然后用微型喷雾器喷雾于嫩梢中，以滴水为度，然后置于温度 28 ± 2 ℃、湿度 98％以上的人工气候箱中培养，3 天后观察嫩梢顶部 5 片叶的发病情况，计算发病率及病情指数。

9.1.3.2　病情分级标准

0　　没有感染

1　　病斑面积占整片叶面积＜1/4

2　　病斑面积占整片叶面积≥1/4，＜1/3

3　　病斑面积占整片叶面积≥1/3，＜1/2

4　　病斑面积占整片叶面积≥1/2，＜3/4

5　　病斑面积占整片叶面积≥3/4

9.1.3.3　计算方法

$$发病率 = \frac{感病叶片数}{调查总叶片数} \times 100\%$$

$$病情指数 DI = \frac{\Sigma（病级叶片数 \times 代表级值）}{调查总叶片数 \times 发病的最高级别值} \times 100$$

9.1.3.4　抗病等级

澳洲坚果不同品种对炭疽病的抗性等级依叶片的病情指数平均值大小来确定，具体如下：

0	免疫（Immune，I）	DI ＝0
1	高度抗病（Highly Resistant，HR）	0＜ DI≤10
3	中度抗病（Moderately Resistant，MR）	10＜ DI≤25
5	抗病（Resistant，R）	25＜ DI≤35
7	感病（Moderately Susceptible，MS）	35＜ DI≤45
9	高度感病（Highly Susceptible，HS）	45＜ DI

必要时，计算相对病情指数，用以比较不同批次试验材料的抗病性。

9.1.4　果壳斑点病（*Pseudocercospora* sp.）

病原主要侵染未熟果实皮层，使受侵染的果实幼果脱落或出现提前 4～6 周的未熟落果。由于该菌的潜伏期长（侵染后 40～50 d 才表现症状），因此，澳洲坚果对该病的抗性主要采用在田间对幼果进行人工接种的鉴定方法。

9.1.4.1　田间的接种鉴定

接种病菌的准备：采集有典型果壳斑点病的果实，遵循柯赫氏法则进行病原菌的分离、鉴定，并对分离菌进行单孢纯化、保存备用。

接种材料的准备：每供试品种每株树选取 20 个花生米大小的幼果，每品种 5 株，对供试植株和果实进行标记、待用。

接种方法：把病菌于 PDA 培养基中活化培养，6 天后用无菌水制备 $1×10^6$ 个孢子/mL 的分生孢子悬浮液，然后以此菌液（对照用无菌水）浸透已事先灭菌的棉花，然后以此棉花包裹供试果实，24 h 后去除棉花，再以塑料袋套密供试果实，直至 60～75 d 后才解除塑料袋，观察发病情况，计算发病率及病情指数。

9.1.4.2　病情分级标准

0　没有感染

1　病斑面积占整个果实面积<1/4

2　病斑面积占整个果实面积≥1/4，<1/3

3　病斑面积占整个果实面积≥1/3，<1/2

4　病斑面积占整个果实面积≥1/2，<3/4

5　病斑面积占整个果实面积≥3/4 或果实已脱落

9.1.4.3　计算方法

$$发病率 = \frac{感病果实数}{调查总果实数} × 100\%$$

$$病情指数\ DI = \frac{\Sigma（病级果实数×代表级值）}{调查总果实数×发病的最高级别值} × 100$$

9.1.4.4　抗病等级

澳洲坚果不同品种对果壳斑点病的抗性等级依果实的病情指数平均值大小来确定，具体如下：

0	免疫（Immune，I）	DI＝0
1	高度抗病（Highly Resistant，HR）	0＜DI≤10

3	中度抗病（Moderately Resistant，MR）	10< DI≤25
5	抗病（Resistant，R）	25< DI≤35
7	感病（Moderately Susceptible，MS）	35< DI≤45
9	高度感病（Highly Susceptible，HS）	45< DI

必要时，计算相对病情指数，用以比较不同批次试验材料的抗病性。

9.2 抗虫性

9.2.1 花蝽（*Homoeosoma vagella* Zeller）

澳洲坚果对花蝽的抗性鉴定采用对花序的人工接虫方法。

鉴定材料的准备：在植株盛花期，同一小区内每个品种选取带有 50 个花序的枝条若干。

澳洲坚果花蝽的准备：以非待测品种花序在室内饲养一定数量的花蝽实验种群。

鉴定方法：把带花序的枝条插入盛水的三角瓶中水培，然后置于养虫笼内，不同品种交错排列，按平均每 1 条花序放入 1 对成虫的比例接入花蝽，1 周后调查花序的为害情况，计算为害率及虫情指数。

虫情分级标准：

1	花序为害率<2%
2	花序为害率≥2%，<5%
3	花序为害率≥5%，<10%
4	花序为害率≥10%，<20%
5	花序为害率≥20%

根据虫级计算虫情指数，公式为：

$$DI = \frac{\sum (s_i n_i)}{5N} \times 100$$

式中，DI 为虫情指数；s 为虫情级别；n 为相应虫情级别的枝条数目；i 为虫情分级的各个级别；N 为调查总枝条数。

抗性鉴定结果的统计分析和校验参照 3.5。

种质群体对澳洲坚果花蝽的抗性依接种枝条的虫情指数分为 9 级。

| 1 | 极抗 | 0＜DI≤20 |

1　极抗　0＜DI≤20
3　高抗　20＜DI≤40
5　中抗　40＜DI≤60
7　低抗　60＜DI≤80
9　不抗　80＜DI

必要时，计算相对虫情指数，用以比较不同批次试验材料的抗虫性。

9.2.2　光亮缘蝽（*Amblypelta nitida* Stal.）

澳洲坚果对光亮缘蝽的抗性鉴定采用对幼果的人工接虫方法。

鉴定材料的准备：在澳洲坚果的果实膨大期，同一小区内每品种随机选取约 10 个结果枝，控制幼果数量至少 50 个。

光亮缘蝽的准备：以非待测品种果实在室内饲养一定数量的光亮缘蝽实验种群。

鉴定方法：把结果枝置于盛水的三角瓶中水培，然后放入养虫笼内，不同品种交错排列，按平均每 5 个果实 1 对成虫的比例接入光亮缘蝽成虫，1 周后调查果实为害率。

虫情分级标准：

1　果实为害率＜5%
2　果实为害率≥5%，＜10%
3　果实为害率≥10%，＜20%
4　果实为害率≥20%，＜50%
5　果实为害率≥50%

根据虫级计算虫情指数，公式为：

$$DI=\frac{\sum(s_i n_i)}{5N}\times100$$

式中，DI 为虫情指数；s 为虫情级别；n 为相应虫情级别的叶片数目；i 为虫情分级的各个级别；N 为调查总果实数。

抗性鉴定结果的统计分析和校验参照 3.5。

种质群体对光亮缘蝽的抗性依接种果实的虫情指数分为 1～9 共 5 个级别。

1　极抗　0＜DI≤20
3　高抗　20＜DI≤40

5	中抗	$40 < DI \leqslant 60$
7	低抗	$60 < DI \leqslant 80$
9	不抗	$80 < DI$

必要时，计算相对虫情指数，用以比较不同批次试验材料的抗虫性。

9.2.3　褐缘蝽 (*Amblypelta lutescens* Distant)

澳洲坚果对褐缘蝽的抗性鉴方法参照 9.2.1。

9.2.4　荔枝异形小卷蛾 (*Cryptophlebia ombrodelta* Lower)

澳洲坚果对荔枝异形小卷蛾的抗性鉴定采用对幼果的田间人工接种法。

鉴定材料的准备：在果实的膨大期，在同一小区内，每品种选取若干株结果树，并控制总计有 100 个大小基本一致的果实。

荔枝异形小卷蛾的准备：以非待测品种的果实，在室内饲养一定数量的荔枝异形小卷蛾实验种群。

鉴定方法：把供试植株用 30 网目以上的防虫网围密，然后按每 5 个果实 1 对成虫的比例放入荔枝异形小卷蛾，30 天后调查果实的为害情况，凡有蛀孔的果实（含落果）均计作受害果，计算为害率及虫情指数。

虫情分级标准：

1	枝条为害率 $< 2\%$
2	枝条为害率 $\geqslant 2\%$，$< 5\%$
3	枝条为害率 $\geqslant 5\%$，$< 10\%$
4	枝条为害率 $\geqslant 10\%$，$< 20\%$
5	枝条为害率 $\geqslant 20\%$

根据虫级计算虫情指数，公式为：

$$DI = \frac{\sum (s_i n_i)}{5N} \times 100$$

式中，DI 为虫情指数；s 为虫情级别；n 为相应虫情级别的枝条数目；i 为虫情分级的各个级别；N 为调查总枝条数。

抗性鉴定结果的统计分析和校验参照 3.5。

种质群体对荔枝异形小卷蛾的抗性依接种枝条的虫情指数分为

1～9 共 5 个级别。

1	极抗	0≤DI≤20
3	高抗	20＜DI≤40
5	中抗	40＜DI≤60
7	低抗	60＜DI≤80
9	不抗	80＜DI

必要时，计算相对虫情指数，用以比较不同批次试验材料的抗虫性。

9.2.5 坚果缢枝蛾（*Neodrepta luteotactella* Walker）

澳洲坚果对坚果缢枝蛾的抗性鉴定采用对枝条的人工接虫方法。

鉴定材料的准备：在植株生长期，同一小区内每个品种选取枝条若干。

坚果缢枝蛾的准备：以非待测品种枝条在室内饲养一定数量的坚果缢枝蛾实验种群。

鉴定方法：把枝条插入盛水的三角瓶中水培，然后置于养虫笼内，不同品种交错排列，按平均每 1 枝条放入 1 对成虫的比例接入坚果缢枝蛾，1 周后调查枝条的为害情况，计算为害率及虫情指数。

虫情分级标准：

1	枝条为害率＜2％
2	枝条为害率≥2％，＜5％
3	枝条为害率≥5％，＜10％
4	枝条为害率≥10％，＜20％
5	枝条为害率≥20％

根据虫级计算虫情指数，公式为：

$$DI = \frac{\sum (s_i n_i)}{5N} \times 100$$

式中，DI 为虫情指数；s 为虫情级别；n 为相应虫情级别的枝条数目；i 为虫情分级的各个级别；N 为调查总枝条数。

抗性鉴定结果的统计分析和校验参照 3.5。

种质群体对坚果缀枝蛾的抗性依接种枝条的虫情指数分为 1～9 共 5 个级别。

1	极抗	0＜DI≤20
3	高抗	20＜DI≤40
5	中抗	40＜DI≤60
7	低抗	60＜DI≤80
9	不抗	80＜DI

必要时，计算相对虫情指数，用以比较不同批次试验材料的抗虫性。

9.2.6 蓟马

澳洲坚果对蓟马的抗性鉴定可采用对澳洲坚果嫩叶的人工接种法。

鉴定材料的准备：在植株的抽梢季节，每品种取 20 株袋装小苗，并确保每株有 5～10 片新抽的嫩叶。

蓟马的准备：以非待测品种的嫩叶室内饲养一定数量的实验种群。

鉴定方法：把供试的澳洲坚果袋装苗放入养虫室内（防虫网在 100 网目以上），不同品种交错排列，按每片嫩叶 5 头蓟马的比例接入蓟马成虫。2 周后调查嫩叶为害情况，计算为害率及虫情指数。

虫情分级标准：

1 新叶为害率＜5％或平均每叶虫数＜1 头
2 新叶为害率≥5％，＜10％或平均每叶虫数≥1 头，＜3 头
3 新叶为害率≥10％，＜20％或平均每叶虫数≥3 头，＜5 头
4 新叶为害率≥20％，＜50％或平均每叶虫数≥5 头，＜10 头
5 新叶为害率≥50％或平均每叶虫数≥10 头

根据虫级计算虫情指数，公式为：

$$DI=\frac{\sum(s_i n_i)}{5N}\times100$$

式中：DI 为虫情指数；s 为虫情级别；n 为相应虫情级别的叶片数目；i 为虫情分级的各个级别；N 为调查总叶片数。

抗性鉴定结果的统计分析和校验参照 3.5。

种质群体对蓟马的抗性依接种叶片的虫情指数分为 1～9 共 5 个级别。

1	极抗	$0 \leqslant DI \leqslant 20$
3	高抗	$20 < DI \leqslant 40$
5	中抗	$40 < DI \leqslant 60$
7	低抗	$60 < DI \leqslant 80$
9	不抗	$80 < DI$

必要时，计算相对虫情指数，用以比较不同批次试验材料的抗虫性。

10 分子标记

用于描述种质的可识别或有用的特异性状。标明用于分析的探针—核苷酸序列组成。以下为一些最常用的方法。

10.1 随机扩增多态性 DNA（RAPD）
准确标明试验条件及产物分子量大小（适用于核基因组）。

10.2 扩增片段长度多态性（AFLP）
标明引物组成及产物的分子量大小（适用于核基因组）。

10.3 简单序列重复区间扩增多态性（ISSR）
标明引物序列及产物大小（适用于核基因组、叶绿体基因组）。

10.4 简单重复序列（SSR）
标明引物序列及衍生（扩增）出的核苷酸序列（适用于核基因组、叶绿体基因组及线粒体基因组）。

10.5 其他分子标记

11 细胞学特征

11.1 染色体数
体细胞染色体数，单位为条。

11.2 染色体倍数
2X、3X、4X 等或是非整倍体。

第六节　澳洲坚果种质资源数据采集表

基本信息			
全国统一编号（1）		种质库编号（2）	
种质圃编号（3）		采集号（4）	
引种号（5）		种质名称（6）	
种质外文名（7）		科名（8）	
属名或亚属名（9）		学名（10）	
种质类型（11）	1：野生　2：半野生　3：本地种　4：引进品种　5：选育品种 6：遗传材料　7：其他		
主要特性（12）	1：高产　2：优质　3：抗病　4：抗虫　5：抗逆　6：早产 7：其他		
主要用途（13）	1：食用　2：药用　3：观赏　4：纤维　5：材用　6：砧木用 7：其他		
系谱（14）		母本（15）	父本（16）
遗传背景（17）	1：自花授粉　2：自然授粉　3：异花授粉　4：种间杂交　5：种 内杂交　6：无性选择　7：自然突变　8：人工诱变　9：其他		
无性系特点（18）	1：接穗/砧木　2：扦插植株　3：根接植株　4：组培材料 5：其他		
带毒状况（19）	1：无毒　2：有病毒　3：没有检测　4：脱毒		
选育单位（20）		育成年份（21）	
原产国（22）	原产省（23）	原产地（24）	
原产地经度（25）		原产地纬度（26）	
原产地海拔（27）	m	采集地（28）	
采集单位（29）		采集时间（30）	
采集材料（31）	1：种子　2：果实　3：芽　4：芽条　5：花粉　6：组培材料 7：苗木　8：其他		
保存单位（32）		保存单位编号（33）	

（续）

种质保存名（34）	入圃编号（35）	
保存种质的类型（36）	1：植株　2：种子　3：组织培养物　4：花粉　5：标本 6：其他	
种质定植年份（37）	种质更新年份（38）	
照片（39）	图像（40）	
特性鉴定评价的机构名称（41）	鉴定评价的地点（42）	
种质分发限制（43）	1：无限制　2：有限制	
共享方式（44）	1：无偿共享　2：有偿共享　3：数据共享实物共享	
备注（45）		

植物学性状

树龄（46）	树姿（47）	1：直立　2：半开张　3：开张	
树形（48）	1：圆形　2：半圆形　3：圆锥形　4：阔圆形　5：不规则形		
主干直径（49）	主枝分枝角度（50）	1：锐角　2：钝角	
新梢颜色（51）	1：鲜绿、有光泽　2：粉红、光泽明显		
枝条生长量（52）	1：短（≤35 cm）　2：中（>35 cm，≤45 cm）　3：长（>45 cm）		
枝条分支量（53）	1：少　2：中等　3：多		
叶序（54）	1：三叶轮生　2：四叶轮生		
叶片形状（55）	1：倒卵形　2：椭圆形　3：长椭圆形　4：倒披针形　5：其他形		
叶尖形状（56）	1：截形　2：钝形　3：急尖　4：锐尖		
叶基形状（57）	1：渐尖　2：急尖　3：截形		
叶片的颜色（58）	1：浅绿　2：绿　3：深绿　4：黄绿　5：粉红　6：其他		
叶面状态（59）	1：平展　2：下弯　3：内弯　4：扭曲		

（续）

叶片长度（60）		cm	叶片宽度（61）		cm
叶形指数（62）					
叶柄长度（63）	1：短（≤3.0 mm）　2：中（＞3.0 mm，＜8.0 mm）　3：长（＞8.0 mm）				
叶缘（64）	1：全缘　2：波浪形　3：极明显波浪形				
叶缘刺（65）	1：无　2：少　3：疏　4：密				
花序长度（66）	1：短（≤15 cm）　2：中（＞15 cm，≤20 cm）　3：长（＞20 cm）				
小花颜色（67）	1：白　2：乳白　3：粉红　4：其他				
小花开放顺序（68）	1：花轴基部的花先开，然后向顶端顺序推进，依次开放　2：花轴中部的花先开，然后向两端推进，依次开放　3：花轴顶端的花先开，然后向基部顺序推进，依次开放				
单果重（69）		g	果实形状（70）	1：球形　2：卵圆形	
果皮颜色（71）	1：绿　2：深绿		果皮质地（72）	1：光滑　2：粗糙	
果顶（73）	1：乳头状突起不明显　2：乳头状突起明显　3：乳头状突起极明显				
果柄长度（74）	1：短（≤4 mm）　2：中（＞4 mm，≤6 mm）　3：长（＞6 mm）				
壳果大小（75）	1：小（≤5.0 g）　2：中（＞5.0 g，≤7.0 g）　3：大（＞7.0 g）				
壳果形状（76）	1：球形　2：卵圆形　3：半球形				
壳果质地（77）	1：粗糙　2：光滑				
果实斑纹分布（78）	1：很少　2：少，集中在萌发孔及基部　3：少，分布较散　4：多，集中在萌发孔附近　5：多，较分散				
果壳厚度（79）	1：薄（≤4 mm）　2：（＞4 mm，≤6.5 mm）　3：厚（＞6.5 mm）				
腹缝线（80）	1：明显　2：不明显				
果仁大小（81）	1：小（≤2.0 g）　2：中（＞2.0 g，≤3.0 g）　3：大（＞3.0 g）				
果仁颜色（82）	1：浅白　2：白　3：乳黄　4：其他				
农艺性状					
初花树龄（83）		年	花期（84）		
初果树龄（85）		年	盛果树龄（86）		年
树势（87）	1：弱　2：中　3：强				

（续）

产生花能力（88）	1：稀疏　2：中等　3：茂盛		
坐果率（89）	%		
成熟果自然脱落状况（90）	1：少量脱落　2：脱落		
果实成熟期（91）	1：早　2：中　3：晚		
单株产量（92）	kg	果实收获期（93）	d
贮存期（94）	d		
品质性状			
出仁率（95）	%	一级果仁率（96）	%
粗脂肪含量（97）	%	粗蛋白质含量（98）	%
可溶性总糖含量（99）	%		
抗逆性状			
抗风性（100）	1：极抗　3：高抗　5：中抗　7：低抗　9：不抗		
抗旱性（101）	1：极抗　3：高抗　5：中抗　7：低抗　9：不抗		
抗寒性（102）	1：极抗　3：高抗　5：中抗　7：低抗　9：不抗		
抗高温性（103）	1：极抗　3：高抗　5：中抗　7：低抗　9：不抗		
抗病虫性状			
花序枯萎病（104）	0：免疫　1：高度抗病　3：中度抗病　5：抗病　7：感病　9：高度感病		
花疫病（105）	0：免疫　1：高度抗病　3：中度抗病　5：抗病　7：感病　9：高度感病		
果壳腐烂病（106）	0：免疫　1：高度抗病　3：中度抗病　5：抗病　7：感病　9：高度感病		
果壳斑点病（107）	0：免疫　1：高度抗病　3：中度抗病　5：抗病　7：感病　9：高度感病		

（续）

花蝽（108）	1：极抗　3：高抗　5：中抗　7：低抗　9：不抗		
光亮缘蝽（109）	1：极抗　3：高抗　5：中抗　7：低抗　9：不抗		
褐缘蝽（110）	1：极抗　3：高抗　5：中抗　7：低抗　9：不抗		
荔枝异形小卷蛾（111）	1：极抗　3：高抗　5：中抗　7：低抗　9：不抗		
坚果缢枝蛾（112）	1：极抗　3：高抗　5：中抗　7：低抗　9：不抗		
蓟马（113）	1：极抗　3：高抗　5：中抗　7：低抗　9：不抗		
分子标记			
随机扩增多态性DNA（RAPD）（114）		扩增片段长度多态性（AFLP）（115）	
简单序列重复区间扩增多态性（ISSR）（116）		简单重复序列（SSR）（117）	
其他分子标记（118）			
细胞学性状			
染色体数（119）	条		
染色体倍数（120）			

第七节　澳洲坚果种质资源利用情况报告格式

1　种质利用概况

每年提供利用的种质类型、份数、份次、用户数等。

2　种质利用效果及效益

提供利用后育成的品种（系）、创新材料以及其他研究利用、开发创收等产生的经济、社会和生态效益。

3　种质利用经验和存在的问题

组织管理、资源管理、资源研究和利用等。

第八节　澳洲坚果种质资源利用情况登记表

种质名称					
提供单位		提供日期		提供数量	
提供种质类型	地方品种□　育成品种□　高产品系□　国外引进品种□　野生种□　近缘植物□　遗传材料□　突变体□　其他□				
提供种质形态	植株（苗）□　果实□　种子□　根□　茎（插条）□　叶□　芽□　花（粉）□　组织□　细胞□　DNA□　其他□				
统一编号			国家种质资源圃编号		

提供种质的优异性状及利用价值：

利用单位		利用时间	
利用目的			

利用途径：

取得实际利用效果：

利用单位盖章　　　　　种质利用者签名　　　　　年　　　月　　　日

第九节　澳洲坚果种质资源图谱

澳洲坚果（*Macadamia* spp.），又称夏威夷果，澳洲核桃，昆士兰坚果。属山龙眼科（*Proteaceae*）澳洲坚果属（*Macadamia*）常绿乔木果树，原产于澳大利亚昆士兰州东南部和新南威尔州北部，南纬25°～31°的沿海亚热带雨林，在长期的自然和人为选择过程中形成丰富多彩的种质资源。

澳洲坚果树形分为圆形（图6-26A）、椭圆形（图6-26B）、圆锥形（图6-26C）、阔圆形（图6-26D）、不规则形（图6-26E），新梢颜色也不同，分为鲜绿（图6-27A）、紫红（图6-27B）、粉红色（图2-27C）。澳洲坚果在叶片形态、叶片着生方式、叶柄长度、叶表面的状态、嫩叶颜色、叶尖、叶基、叶缘、叶缘刺等方面均具有一定的差异。澳洲坚果的叶形有倒卵形（图6-30A）、椭圆形（图6-30B）、长椭圆形（图6-30C）、倒披针形（图6-30D）和其他形；叶片着生方式有三叶轮生（图6-28A）、四叶轮生（图6-28B）、二叶对生（图6-28C）和五叶轮生（图6-28D）；叶柄长度有长（图6-29A）、中（图6-29B）和短（图6-29C）之分；叶表面的状态有水平（图6-31A）、反卷（图6-31B）和扭曲（图6-31C）；嫩叶颜色有紫红（图6-32A）、鲜绿（图6-32B）和粉红色（图6-32C）；叶尖形状有截形（图6-33A）、钝形（图6-33B）、急尖（图6-33C）和锐尖（图6-33D）；叶基形状有截形（图6-34A）、渐尖（图6-34B）、急尖（图6-34C）；叶缘的形状有全缘（图6-35A）、波浪形（图6-35B）和极明显波浪形（图6-35C）；叶缘刺可分为无（图6-36A）、少（图6-36B）、疏（图6-36C）、密（图6-36D）等类型。

澳洲坚果花序有短（15 cm以下）、中（16～20 cm）和长（21 cm以上）之分。小花颜色有粉红（图6-37A）、乳白（图6-37B）、紫红（图6-37C）等色。小花开放顺序有花轴基部的花先开，然后向顶端顺序推进，依次开放（图6-39A）；花轴中部的花先开，然后向两端推进，依次开放（图6-39B）；花轴顶端的花先开，然后向基部顺序推进，依次开放（图6-39C）。

A.圆形　　　　　　B.椭圆形　　　　　　C.圆锥形

D.阔圆形　　　　　　E.不规则形

图 6-26　树　形

A.鲜绿　　　　　　B.紫红　　　　　　C.粉红

图 6-27　新梢颜色

A.三叶轮生

B.四叶轮生

C.二叶对生

D.五叶轮生

图6-28 叶 序

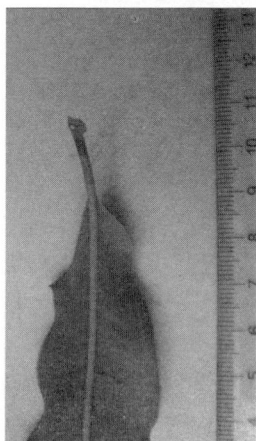

A.长

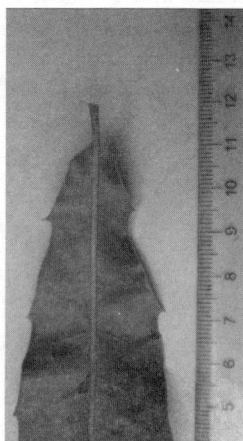

B.中

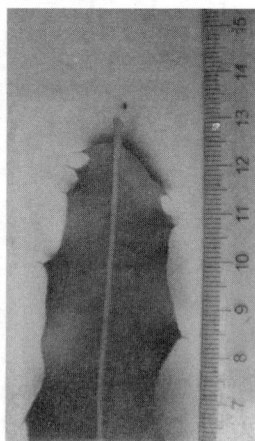

C.短

图6-29 叶柄长度

A.倒卵形　　　　B.椭圆形　　　　C.长椭圆形　　　　D.倒披针形

图 6-30　叶　形

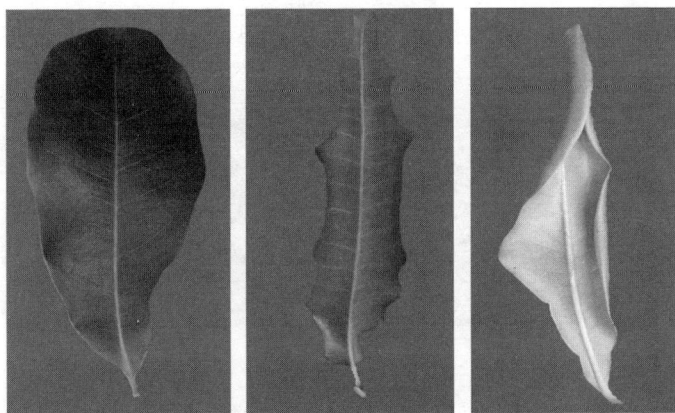

A.水平　　　　　　B.反卷　　　　　　C.扭曲

图 6-31　叶表面的状态

　　澳洲坚果果实具有多样性，按果实形状可划分为球形（图 6-42A）、卵圆形（图 6-42B）；按成熟果实果皮颜色可分绿（图 6-43A）、深绿色（图 6-43B）；果顶有乳头状突起不明显（图 6-44A）、明显（图 6-44B）和极明显（图 6-44C）之分；按壳果实形状可划分为球形（图 6-46A）、卵圆形（图 6-46B）和半球形

A.紫红　　　　　　　B.鲜绿　　　　　　　C.粉红

图 6 - 32　嫩叶颜色

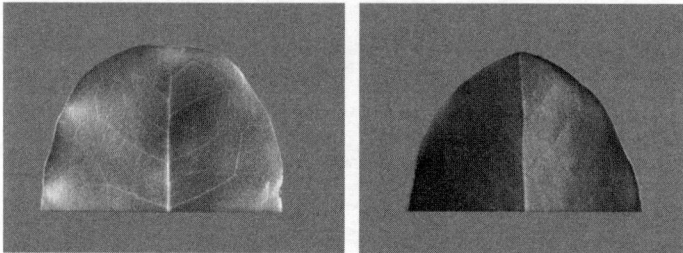

A.截形　　　　　　　　　　B.钝形

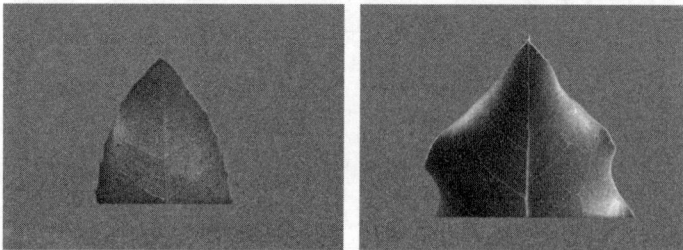

C.急尖　　　　　　　　　　D.锐尖

图 6 - 33　叶尖类型

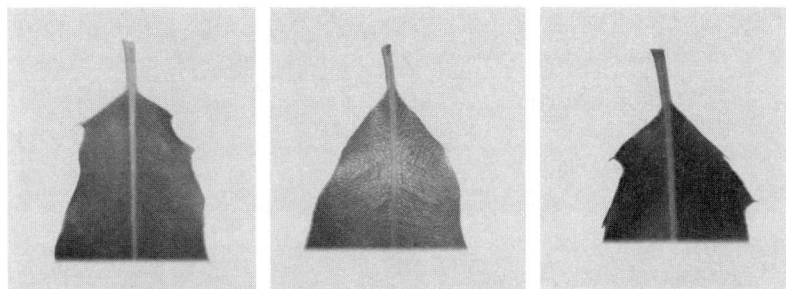

A.截形　　　　　　　　　B.渐尖　　　　　　　　　C.急尖

图 6 - 34　叶基类型

A.全缘

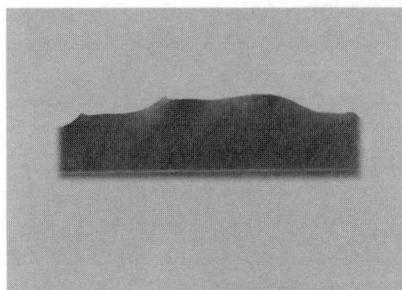 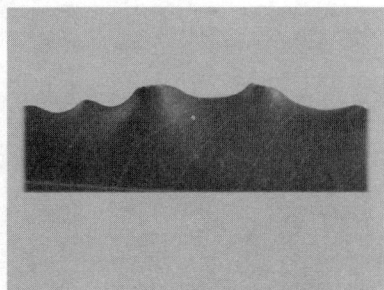

B.波浪形　　　　　　　　　　　　　C.极明显波浪形

图 6 - 35　叶缘类型

澳洲坚果种植者手册

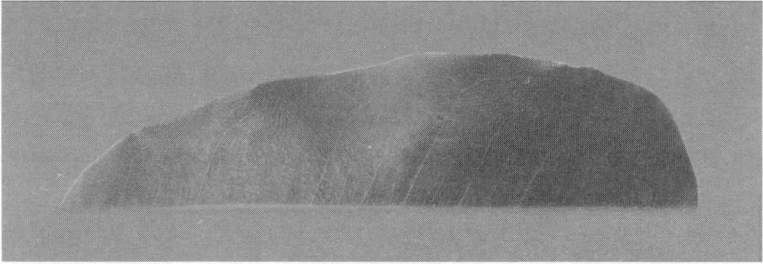

A.无

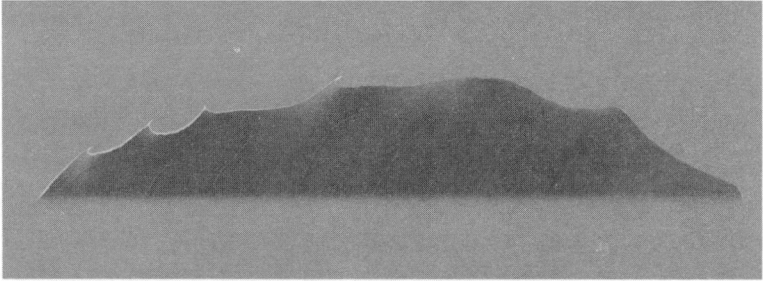

B.少

C.疏

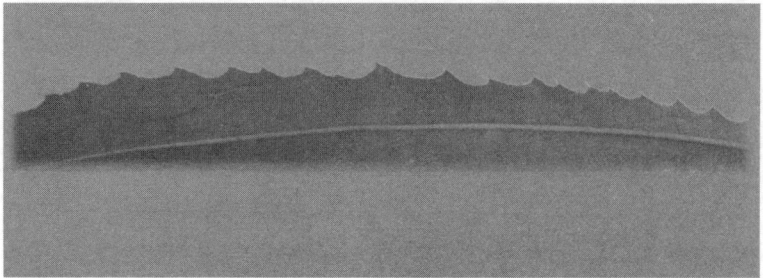

D.密

图 6 - 36　叶缘刺类型

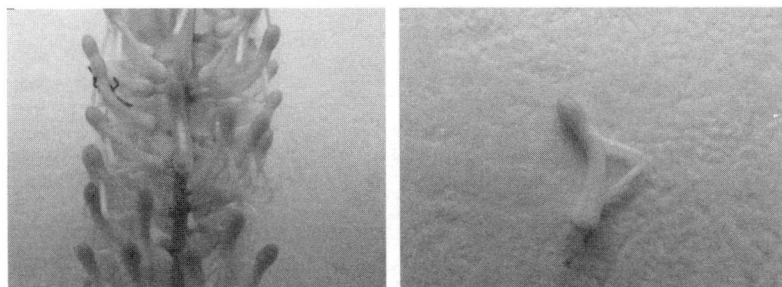

A.粉红

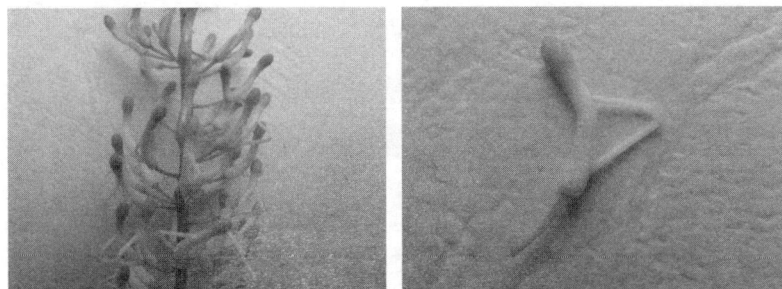

B.乳白

C.紫红

图6-37　小花颜色

（图6-46C）；按壳果腹缝线可划分明显（图6-47A）和不明显（图6-47B）；按壳果大小可划分为小、中和大（图6-45）；果壳斑纹分布有五种：很少（图6-48A）；少，集中在萌发孔或基部（图6-48B）；少，分布较散（图6-48C）；多，较分散（图6-48D）；

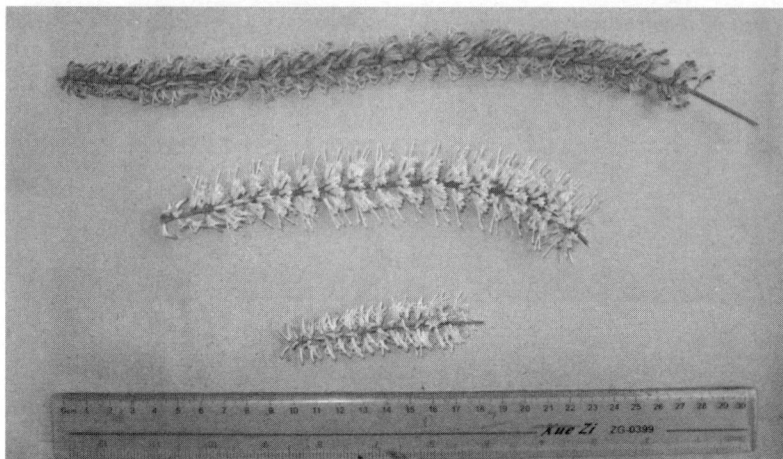

图 6-38　花序的长短

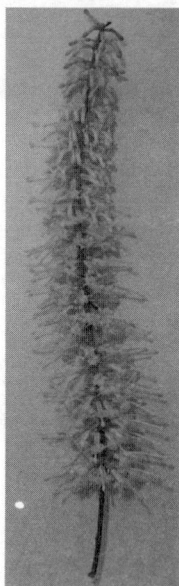

A.花轴基部的花先开，
然后向顶端顺序开放

B.花轴中部的花先开，
然后向两端依次开放

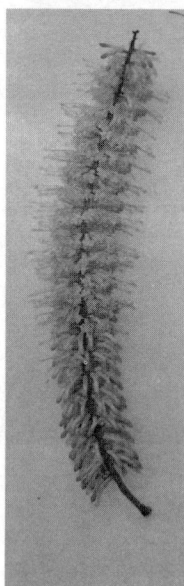

C.花轴顶端的花先开，
然后向基部顺序开放

图 6-39　花序开放顺序

多，集中在萌发孔附近（图 6-48E）。果壳厚度有薄、中和厚之分（图 6-49）；按果仁大小可划分为小、中和大（图 6-51）；按果仁颜色可划分浅白色、乳白色、乳黄色（图 6-52）。

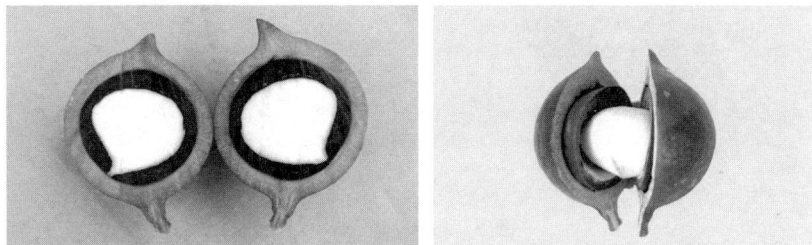

图 6-40　果实纵切面

图 6-41　果穗形状

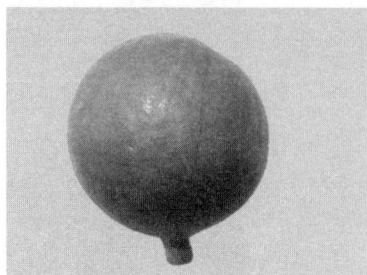 

A.球形   B.卵圆形

图 6-42　果实形状

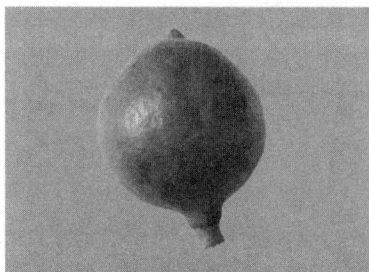 

A.绿   B.深绿

图 6-43　果实颜色

 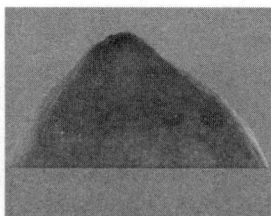 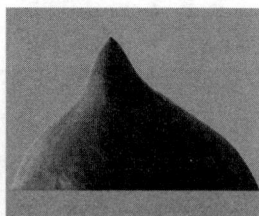

A.乳头状突起不明显   B.乳头状突起明显   C.乳头状突起极明显

图 6-44　果顶形状

　　澳洲坚果优异种质资源丰富，有 H2（Hinde）、OC（Own Choice）等早结、丰产、稳产型优异资源，有 246（Keauhou）、800（Makai）等大果型种质。

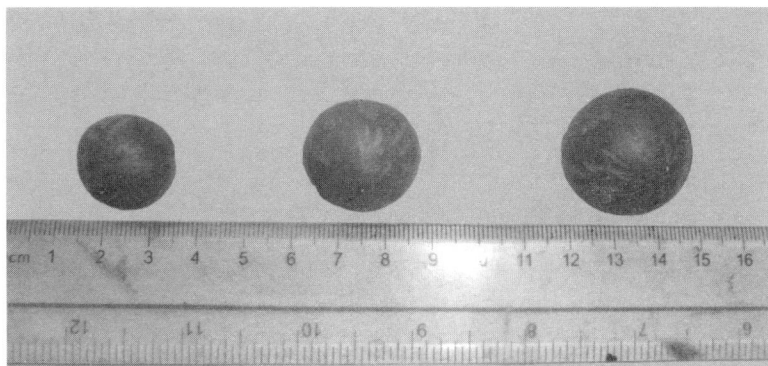

图 6-45　壳果大小

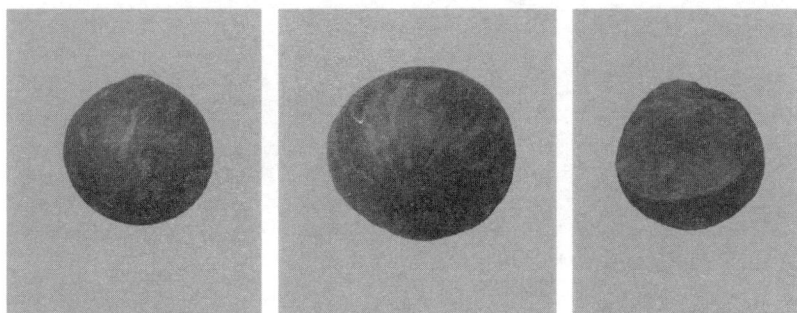

A.球形　　　　　　　　　B.卵圆形　　　　　　　　　C.半球形

图 6-46　壳果形状

A.明显　　　　　　　　　　　B.不明显

图 6-47　腹缝线

A.很少

B.少，集中在萌发孔

C.少，分布较散

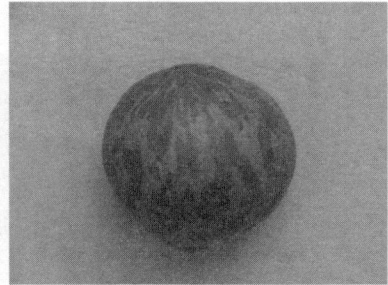

D.多，较分散

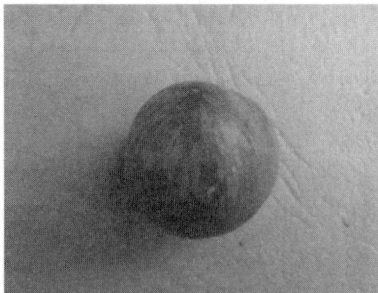

E.多，集中在萌发孔附近

图 6-48　壳斑分布

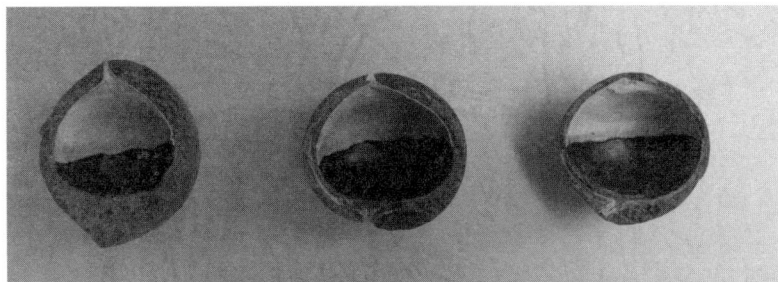

厚　　　　　中　　　　　薄

图 6 - 49　果壳厚度

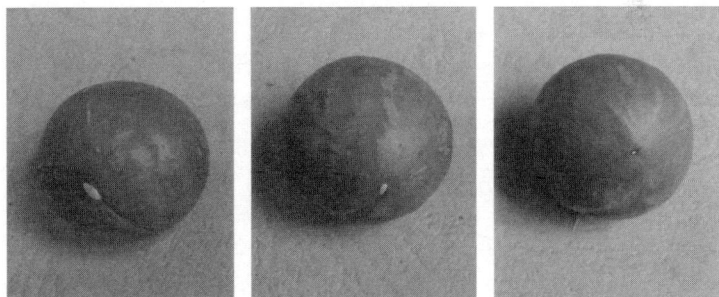

大　　　　　中　　　　　小

图 6 - 50　萌发孔

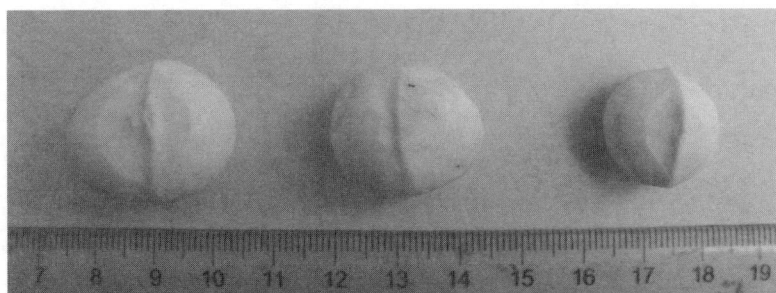

大　　　　　中　　　　　小

图 6 - 51　果仁大小

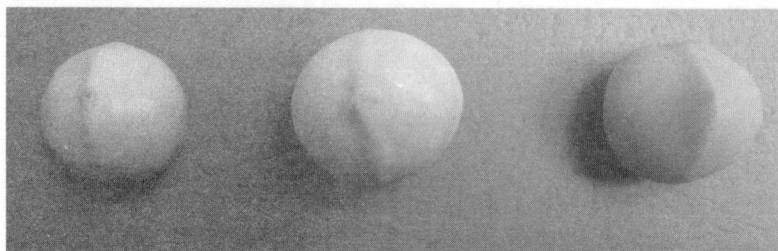

白色　　　　　　　乳白色　　　　　　乳黄色

图 6-52　果仁颜色

附录　澳洲坚果常用农业行业标准汇编

附录1　澳洲坚果种质资源鉴定技术规范
(NY/T 1687—2009)

1　范围

本标准规定了澳洲坚果 (*Macadamia* spp.) 种质资源的植物学特征、生物学特性和果实性状的鉴定方法。

本标准适用于澳洲坚果种质资源的鉴定。

2　规范性引用文件

下列文件中的条款通过本标准的引用而成为本标准的条款。凡是注日期的引用文件，其后所有的修改单（不包括勘误的内容）或修订版均不适用于本标准，然而，鼓励根据本标准达成协议的各方研究是否可使用这些文件的最新版本。凡是不注日期的引用文件，其最新版本适用于本标准。

GB/T 5009.5　食品中蛋白质的测定

GB/T 5512　粮食、油料检验 粗脂肪的测定方法

GB/T 6195　水果、蔬菜维生素 C 含量测定法（2,6 - 二氯靛酚滴定法）

3　鉴定方法

3.1　植物学特征

3.1.1　树姿

选取有代表性正常成年植株 3～5 株，测量三个基部主枝中心轴线与主干夹角。依据夹角的平均值确定树姿。分为：1. 直立

（＜30°）；2. 半开张（≥30°，＜60°）；3. 开张（≥60°）。

3.1.2 树形

采用 3.1.1 样本，参照图 1，观察植株的自然树冠形状。分为：1. 圆形；2. 半圆形；3. 圆锥形；4. 阔圆形；5. 不规则形。

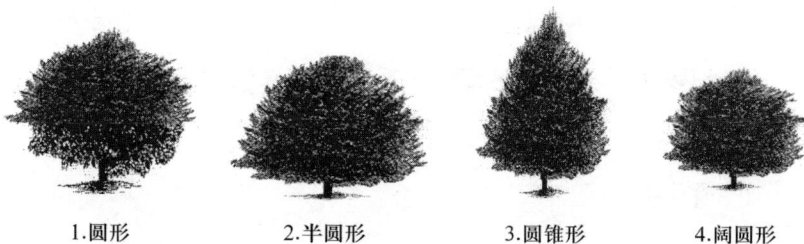

| 1.圆形 | 2.半圆形 | 3.圆锥形 | 4.阔圆形 |

图 1　树　形

3.1.3 主干光滑度

采用 3.1.1 样本，观察并触摸主干，确定主干光滑度。分为：1. 光滑（无明显裂隙、突起和凹陷，无粗糙感）；2. 粗糙（有明显裂隙、突起和凹陷，有粗糙感）。

3.1.4 嫩枝颜色

在新梢生长期，在树冠外围中上部随机选取尚未木质化的正常嫩枝 10 个，观察确定嫩枝颜色。分为：1. 绿色；2. 粉红色；3. 紫红色；4. 其他。

3.1.5 叶序

在树冠外围中上部随机选取 10 个生长正常的枝条，观察叶片在枝条上的着生情况。分为：1. 对生；2. 三叶轮生；3. 四叶轮生；4. 五叶轮生。

3.1.6 叶片形状

在树冠外围中上部随机选取生长正常的成熟叶 60 片，参照图 2，确定叶片形状。分为：1. 倒卵形；2. 卵圆形；3. 椭圆形；4. 长椭圆形；5. 倒披针形；6. 其他。

3.1.7 叶尖形状

采用 3.1.6 样本，参照图 3，确定叶尖形状。分为：1. 截形；

2. 钝尖；3. 急尖；4. 锐尖。

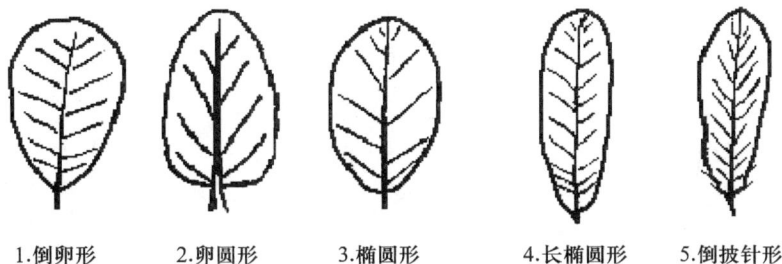

1.倒卵形　2.卵圆形　3.椭圆形　4.长椭圆形　5.倒披针形

图2　叶片形状

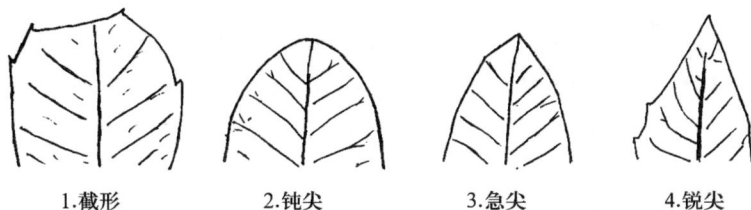

1.截形　2.钝尖　3.急尖　4.锐尖

图3　叶尖形状

3.1.8　叶基形状

采用 3.1.6 样本，参照图 4，确定叶基形状。分为：1. 渐尖；2. 急尖；3. 截形；4. 其他。

1.渐尖　2.急尖　3.截形

图4　叶基形状

3.1.9　叶缘形状

采用 3.1.6 样本，参照图 5，确定叶缘形状。分为：1. 平滑；2. 波浪状；3. 极明显波浪状。

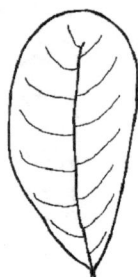

1.平滑 2.波浪状 3.极明显波浪状

图5 叶缘形状

3.1.10 叶缘刺

采用 3.1.6 样本，计数叶片每一侧缘叶缘刺的数量，结果用平均值表示，精确到 0.1。根据叶缘刺数量多少，分为：1. 无（<0.5）；2. 少（≥0.5，<7.2）；3. 较多（≥7.2，<25）；4. 多（≥25）。

3.1.11 嫩叶颜色

在树冠外围中上部随机选取生长正常的未成熟嫩叶 60 片，观察确定嫩叶颜色。分为：1. 浅绿；2. 绿；3. 粉红；4. 紫红；5. 其他。

3.1.12 成熟叶颜色

采用 3.1.6 样本，观察确定成熟叶颜色。分为：1. 浅绿；2. 绿；3. 墨绿；4. 黄绿；5. 红褐；6. 其他。

3.1.13 叶面状态

采用 3.1.6 样本，参照图6，确定叶面状态。分为：1. 平展（叶面平展，横断面呈直线状）；2. 下弯（叶面下弯或反卷，横断面呈弧形下弯或下卷）；3. 内弯（叶面内弯，横断面呈弧形或 V 形上弯）；4. 扭曲（叶面扭曲，横断面呈螺旋状扭曲）。

3.1.14 小花颜色

在植株盛花期，从树冠外围随机选取生长正常的花序 20 个，观察确定小花颜色。分为：1. 白色；2. 乳白色；3. 粉红色；4. 其他。

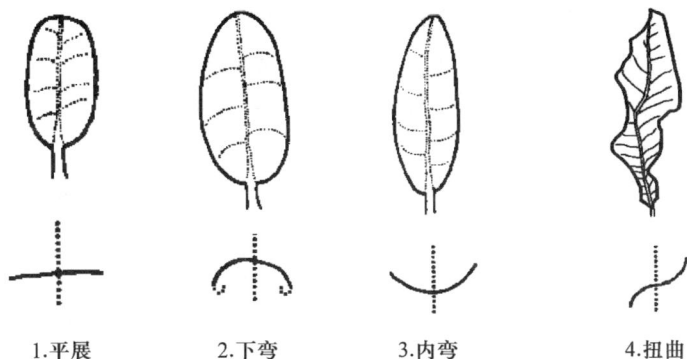

1.平展　　　　2.下弯　　　　3.内弯　　　　4.扭曲

图 6　叶面状态

3.1.15　小花开放顺序

采用 3.1.14 样本，观察花序中小花的开放顺序。分为：1. 花轴基部的花先开，然后向顶端顺序推进，依次开放；2. 花轴中部的花先开，然后向两端推进，依次开放；3. 花轴顶端的花先开，然后向基部顺序推进，依次开放；4. 无规则。

3.2　生物学特性

3.2.1　树势

在新梢停止生长期，根据植株的生长势、叶幕层和新梢生长情况确定树势。分为：1. 弱；2. 中；3. 强。

3.2.2　新梢萌发期

定期观察全树新梢萌发情况，记录 50% 以上已萌发幼芽生长至约 2 cm 的日期。表示方法为年月日，记录格式为 YYYYMM-DD。春梢、夏梢、秋梢、冬梢各次梢分别记录，没有该次梢的记为 0。

3.2.3　新梢老熟期

定期观察全树新梢生长情况，记录 95% 新梢的新叶稳定转为绿色的日期。表示方法为年月日，记录格式为 YYYYMMDD。春梢、夏梢、秋梢、冬梢各次梢分别记录，没有该次梢的记为 0。

3.2.4　新梢长度

在新梢停止生长后，随机选择 20 个新枝，测量其伸展长度。结果以平均值表示，单位为 cm，精确到 0.1 cm。

3.2.5　成熟枝条节间长度

在树冠外围的不同方位，选取 5 个成熟的春梢，分别测定其节间长度。结果以平均值表示，单位为 cm，精确到 0.1 cm。

3.2.6　叶片长度

采用 3.1.6 样本，分别测量叶片从基部至叶尖的长度，结果以平均值表示，单位为 cm，精确到 0.1 cm。

3.2.7　叶片宽度

采用 3.1.6 样本，分别测量叶片最大宽度，结果以平均值表示，单位为 cm，精确到 0.1 cm。

3.2.8　叶柄长度

采用 3.1.6 样本，分别测量叶片的叶柄长度。结果以平均值表示，单位为 mm，精确到 1 mm。

3.2.9　花序长度

采用 3.1.14 样本，分别测量花序主轴的长度。结果以平均值表示，单位为 cm，精确到 0.1 cm。

3.2.10　初花期

在花序萌发初期，从树冠中部外围随机选取生长正常的花序20 个，定期观察，记录约有 5％花朵开放的日期。表示方法为年月日，记录格式为 YYYYMMDD。

3.2.11　盛花期

采用 3.2.10 样本，定期观察，记录约有 25％～75％花朵开放的日期。表示方法为年月日～年月日，记录格式为 YYYYMM-DD～YYYYMMDD。

3.2.12　末花期

采用 3.2.10 样本，定期观察，记录约有 75％花朵开放的日期。表示方法为年月日，记录格式为 YYYYMMDD。

3.2.13　有无多次开花

在正常生长和栽培管理条件下，观察植株有无多次开花现象。分为无（一年一次）、有（一年多次）。

3.2.14　坐果率

采用 3.2.10 样本，在收获期记录每个花序最终坐果数量，计算坐果数占花序小花数量的百分率。结果以平均值表示，精确到 0.1%。

3.2.15　成熟果自然脱落状况

采用 3.2.10 样本，在成熟期观察成熟果自然脱落状况。分为：1. 少量脱落；2. 脱落。

3.2.16　果实成熟期

观察植株果实成熟情况，记录全树有 50%～80% 果实成熟的时间。表示方法为年月日～年月日，记录格式为 YYYYMMDD～YYYYMMDD。

3.2.17　单株产量

收获期测定单株带壳果鲜重。单位为 kg，精确到 0.1 kg。

3.3　果实性状

3.3.1　带皮果

3.3.1.1　果实重量

在果实成熟期，随机选取生长正常的成熟新鲜带皮果 60 个，分别称量各个果实的重量。结果以平均值表示，单位为 g，精确到 0.1 g。

3.3.1.2　果实大小

采用 3.3.1.1 样本，分别测量果实的纵径和横径，结果以平均值表示，单位为 mm，精确到 0.1 mm。

3.3.1.3　果皮颜色

采用 3.3.1.1 样本，观察每个果实的外果皮颜色。分为：1. 绿色；2. 亮绿色。

3.3.1.4　果实腹缝线

采用 3.3.1.1 样本，观察果实外果皮的腹缝线是否明显。分为：1. 明显；2. 不明显。

3.3.1.5　果皮光滑度

采用 3.3.1.1 样本，观察果实外果皮的光滑程度，确定果皮光滑度。分为：1. 光滑；2. 粗糙。

3.3.1.6　果皮厚度

采用 3.3.1.1 样本，剥开果皮，测定果皮中部的厚度。结果以平均值表示，单位为 mm，精确到 0.1 mm。

3.3.1.7 果柄长度

采用 3.3.1.1 样本，测量每个果实的果柄长度。结果以平均值表示，单位为 mm，精确到 1 mm。

3.3.1.8 果颈

采用 3.3.1.1 样本，参照图 7，观察果颈有无及长短，确定果颈类型。分为：1. 无；2. 短；3. 长。

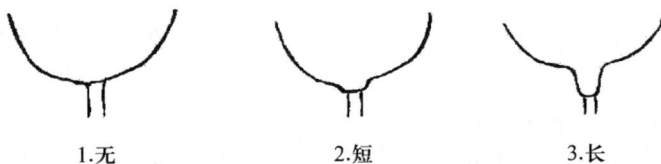

1.无   2.短   3.长

图 7　果　颈

3.3.1.9 果实形状

采用 3.3.1.1 样本，参照图 8，观察确定果实形状。分为：1. 球形；2. 卵圆形；3. 椭圆形；4. 其他。

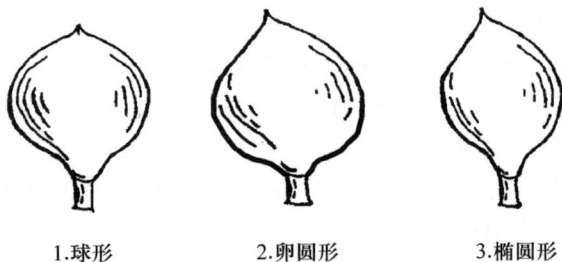

1.球形   2.卵圆形   3.椭圆形

图 8　果实形状

3.3.1.10 果顶形状

采用 3.3.1.1 样本，观察成熟带皮果的果顶形状，参照图 9，确定果顶形状。分为：1. 乳头状突起不明显；2. 乳头状突起明显；3. 乳头状突起极明显。

3.3.2　带壳果

3.3.2.1 壳果重量

采用 3.3.1.1 样本，去皮。将带壳果依次在 38 ℃、45 ℃；

60 ℃下分别干燥 48 h，当果仁含水量降至（1.5±0.5)％时，把干燥的带壳果冷却降温，分别称量各个带壳果的重量。结果以平均值表示，单位为 g，精确到 0.1 g。

1.乳头状突起不明显　　2.乳头状突起明显　　3.乳头状突起极明显

图 9　果顶形状

3.3.2.2　壳果大小

采用 3.3.2.1 样本，分别测量壳果的纵径和横径，结果以平均值表示，单位为 mm，精确到 0.1 mm。

3.3.2.3　果壳厚度

采用 3.3.2.1 样本，剖开果壳，测量果壳中部的厚度。单位为 mm，精确到 0.1 mm。

3.3.2.4　果壳光滑度

采用 3.3.1.1 样本，去皮。观察果壳的光滑程度。分为粗糙、光滑。

3.3.2.5　壳果形状

采用 3.3.2.4 样本，参照图 10，确定壳果形状。分为：1. 扁圆形；2. 圆球形；3. 卵圆形；4. 椭圆形；5. 半球形；6. 其他。

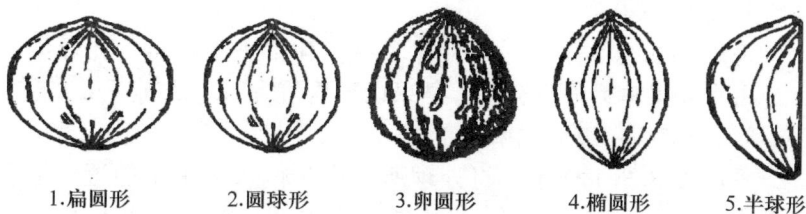

1.扁圆形　　2.圆球形　　3.卵圆形　　4.椭圆形　　5.半球形

图 10　壳果形状

3.3.2.6　果壳斑纹多少

采用 3.3.2.4 样本，观察带壳果表面果实斑纹的多少。分为：

1. 很少；2. 少；3. 多。

3.3.2.7 果壳斑纹分布

采用 3.3.2.4 样本，观察带壳果表面果实斑纹的分布情况。分为：1. 集中在萌发孔附近；2. 集中在萌发孔附近及基部；3. 集中在中部；4. 集中在基部；5. 分散。

3.3.2.8 壳果腹缝线

采用 3.3.2.4 样本，观察带壳果表面腹缝线的明显程度。分为：1. 不明显（呈不完整浅槽状或条纹状）；2. 明显（呈完整条纹状）；3. 极明显（呈完整槽状或沟状）。

3.3.2.9 萌发孔大小

采用 3.3.2.4 样本，观察带壳果表面萌发孔的大小。分为：1. 小；2. 大。

3.3.3 果仁

3.3.3.1 果仁重量

采用 3.3.2.1 样本，去壳。分别称量单个果仁重量，结果以平均值表示，单位为 g，精确到 0.1 g。

3.3.3.2 果仁大小

采用 3.3.3.1 样本，分别测量果仁纵径与横径。结果以平均值表示，单位为 mm，精确到 0.1 mm。

3.3.3.3 果仁颜色

采用 3.3.3.1 样本，观察每个果仁的颜色。分为：1. 白色；2. 乳白色；3. 乳黄色；4. 其他。

3.3.3.4 出仁率

采用 3.3.3.1 样本，分别称取果仁和带壳果重量。计算果仁重量占带壳果重量的百分率，结果以平均值表示，精确到 0.1%。

3.3.3.5 一级果仁率

采用 3.3.3.1 样本，将处理所得果仁倒入清水中静置，把悬浮在水中和水面上的果仁与沉在水底的果仁捡出分开放置，用 98%乙醇脱水并分别称重，计算悬浮在水中和水面上的果仁重量占果仁总重量的百分率。重量精确到 0.1 g，一级果仁率精确到 0.1%。

3.3.3.6 果仁含油率

采用 3.3.3.1 样本，将处理所得果仁按 GB/T 5512 方法测定果仁含油率。

3.3.3.7 果仁蛋白质含量

采用 3.3.3.1 样本，将处理所得果仁按 GB/T 5009.5 方法测定果仁蛋白质含量。

3.3.3.8 果仁可溶性糖含量

采用 3.3.3.1 样本，将处理所得果仁按附录 A 方法测定果仁可溶性糖含量。

附录 A
（规范性附录）
可溶性糖测定法

A.1 范围

本附录适用于澳洲坚果果仁可溶性糖的测定。

A.2 测定原理

在沸热条件下，用还原糖溶液滴定一定量的斐林试剂时将斐林试剂中的二价铜还原为一价铜，以亚甲基蓝为指示剂，稍过量的还原糖立即使蓝色的氧化型亚甲基蓝还原为无色的还原型亚甲基蓝。

A.3 仪器设备

a. 高速组织捣碎机；

b. 电热恒温水浴；

c. 1 000 W 调温电炉；

d. 玻璃仪器：200 mL、250 mL 容量瓶；250 mL 锥形瓶；50 mL 碱式滴定管。

A.4 试剂配制

A.4.1 斐林试剂甲

称取硫酸铜（$CuSO_4 \cdot 5H_2O$，分析纯）34.6 g 溶于水中，稀

释至 500 mL，过滤，贮于棕色瓶内。

A.4.2　斐林试剂乙

称取氢氧化钠 50 g 和酒石酸钾钠（$KNaC_4O_6H_4 \cdot 4H_2O$，分析纯）138 g 溶于水中，稀释至 500 mL，用石棉垫漏斗抽滤。

A.4.3　转化糖标准溶液

称取 9.5 g 蔗糖（分析纯）用水溶解后转入 1 000 mL 容量瓶中，加入 6 mol/L HCL 分析纯）10 mL，加水至 100 mL。在 20～25 ℃下放置 3 天或在 25 ℃保温 24 h，然后用水定容（此为酸化的 1‰转化糖液，可保存 3～4 个月）。测定时，取 1‰转化糖液 25 mL 放入 250 mL 容量瓶中，加入甲基红指示剂一滴，用 1 mol/L NaOH 溶液中和后用水定容，即 1 mg/mL 转化糖标准溶液。

A.4.4　亚甲基蓝溶液

称取 0.5 g 亚甲基蓝（分析纯）溶于 100 mL 水中。

A.4.5　乙酸锌溶液

称取 21.9 g 乙酸锌 [$Zn(OAC)_2 \cdot 2H_2O$，分析纯] 溶于水中，加冰乙酸 3 mL，稀释至 100 mL。

A.4.6　亚铁氰化钾溶液

称取 10.6 g 亚铁氰化钾 [$K_4Fe(CN)_6 \cdot 3H_2O$，分析纯] 溶于水，稀释至 100 mL。

A.5　样品提取液制备

取待测样品适量，洗净，用不锈钢刀将可食部分切成适当小块充分混匀后，按四分法取样。称取 100 g 鲜样加入等重量的水，放入组织捣碎机中捣成 1：1 匀浆，澳洲坚果果仁匀浆比例可适当调整。称取匀浆 25.0 g 或 50.0 g（相当于样品 12.5 g 或 25.0 g）放入 150 mL 烧杯中，含有机酸较多的材料加 0.5～2.0 g 粉状 $CaCO_3$ 调至中性（广范试纸检试）。用水将样液全部转入 250 mL 容量瓶中，并调整体积约为 200 mL。置（80±2）℃水浴保温 30 min，其间摇动数次，取出加入乙酸锌溶液及亚铁氰化钾溶液各 2～5 mL，冷却至室温后，用水定容，过滤备用。

A.6　还原糖测定

A.6.1　斐林试剂的标定

取斐林试剂甲、乙各 5 mL 或在测定前先等体积混合后取

10 mL混合液于250 mL锥形瓶中，放入玻璃珠4～5粒，先加入比预测（按A.6.2进行预测）仅少0.5 mL的1 mg/mL转化糖标准液。将此混合液置1 000 W电炉上加热，使其在2 min左右沸腾，准确煮沸2 min，此时不离开电炉，立即加入0.5%亚甲基蓝指示剂6滴，并继续以每4～5 s的滴速滴加标准糖液，直至二价铜离子完全被还原生成砖红色氧化亚铜沉淀，溶液蓝色褪尽为终点。用准确滴定标准糖液的毫升数V_1，乘以标准糖液浓度（mg/mL），即得10 mL斐林试剂所相当的糖的毫克数。

注：无色的还原型亚甲基蓝极易被空气中的氧所氧化，应调节电炉温度使瓶内溶液始终保持沸腾状态，液面覆盖水蒸气不与空气接触。整个滴定过程锥形瓶不能离开电炉随意摇动。

A.6.2　预测

取斐林试剂甲、乙各5 mL、10 mL混合液于250 mL锥形瓶中，由滴定管加入待测糖液约15 mL，在电炉上加热至沸，约沸15 s后迅速滴加待测糖液，至呈现极轻微的蓝色为止，此时加入0.5%亚甲基蓝指示剂6滴，继续滴加待测糖液，直至溶液蓝色褪尽为止，记下待测糖液的用量V_2（毫升数）。

A.6.3　准确测定

取斐林试剂甲、乙各5 mL、10 mL混合液加入锥形瓶中，由滴定管加入比预测仅少0.5 mL的待测糖液，并补加$V_1 - V_2$水（标定斐林试剂所消耗的标准糖液毫升数V_1减去预测消耗的待测糖液毫升数V_2，即为应补加水的毫升数），使其与标定斐林试剂时的反应体积一致。以下按斐林试剂标定同样操作，继续滴至终点。前后沸热时间须在3 min左右。待测糖液消耗量应控制在15～50 mL，不能大于标定斐林试剂所用标准糖液体积V_1。否则应增减称样量重新制备待测液。

A.7　可溶性总糖测定

取已经制备的待测液100 mL于200 mL容量瓶中，加6 mol/L HCL 10 mL。在（80±2）℃水浴加热10 min，放入冷水槽中冷却后，加甲基红指示剂二滴用6 mol/L及1 mol/L NaOH溶液中和，用水定容。以下步骤同A.6.2、A.6.3。

A. 8　结果计算

A. 8. 1　计算式

A. 8. 1. 1　还原糖 X_1（％）按式（A. 1）计算：

$$X_1（以转化糖计）=\frac{G}{V}\times\frac{250}{W\times1\,000}\times100\%\quad\cdots\cdots\cdots\cdots（A. 1）$$

式中：X_1 为还原糖（％，以转化糖计）；G 为 10 mL 斐林试剂相当的转化糖（mg）；V 为准确滴定时所用待测液的体积（mL）；W 为样品重量（g）；250 为定容体积（mL）；1 000 为由毫克（mg）换算为克（g）。

A. 8. 1. 2　可溶性总糖 X_2（％）按式（A. 2）计算：

$$X_2（以转化糖计）=\frac{G}{V}\times\frac{A}{W}\times\frac{250}{1\,000}\times100\%\quad\cdots\cdots\cdots\cdots（A. 2）$$

式中：X_2 为还原糖（以转化糖计）；A 为稀释倍数；其余符号同式（A. 1）。

A. 8. 1. 3　非还原糖 X_3（％）按式（A. 3）计算：

$$X_3（以蔗糖计）=（X_2-X_1）\times0.95\quad\cdots\cdots\cdots\cdots\cdots（A. 3）$$

式中：X_3 为非还原糖（以蔗糖计）；0.95 为由转化糖换算成蔗糖的因数。

A. 8. 2　结果表示

测定结果计算到小数点后 2 位，两次平行试验结果相对相差，含量在 5％以下的不得超过 3％；含量在 5％～10％的不得超过 2％；含量在 10％以上的不得超过 1％。鲜样以鲜基表示，风干样以风干基表示。

注：还原糖及可溶性总糖也可用葡萄糖表示，斐林试剂需另用葡萄糖标定，非还原糖用转化糖换算成蔗糖形式表示。

附录 2　澳洲坚果　种苗（NY/T 454—2018）

1　范围

本标准规定了澳洲坚果（*Macadamia* spp.）种苗的要求，试验方法，检验规则，包装、标识、运输和贮存。

本标准适用于澳洲坚果嫁接苗。

2　规范性引用文件

下列文件对于本文件的应用是必不可少的。凡是注日期的引用文件，仅所注日期的版本适用于本文件。凡是不注日期的引用文件，其最新版本（包括所有的修改单）适用于本文件。

GB 9847　苹果苗木

GB 15569　农业植物调运检疫规程

中华人民共和国国务院　《植物检疫条例》

中华人民共和国农业部　《植物检疫条例实施细则（农业部分）》

3　要求

3.1　基本要求

3.1.1　品种纯度≥98.0%。

3.1.2　出圃时应为容器苗，容器基本完好，土团不松散。

3.1.3　植株生长正常，至少两次梢叶片已稳定老熟，无明显机械损伤，接穗抽梢无扭曲现象，嫁接口愈合良好，无绑带绞缢现象。

3.1.4　无检疫性病虫害。

3.2　分级指标

澳洲坚果种苗分为 1 级、2 级两个级别，各级别的种苗应符合表 1 规定。

表 1 澳洲坚果种苗分级指标

项　目	等　级	
	1 级	2 级
种苗高度（cm）	≥130	≥70
抽梢长度（cm）	≥70	≥40
抽梢粗度（cm）	≥1.0	≥0.5
分枝数量（个）	≥6	≥1
嫁接口高度（cm）	≤50	≤50

4　试验方法

4.1　抽样

按 GB 9847 中的规定进行，采用随机抽样法。种苗基数在 999 株以下（含 999 株）的，按基数的 10％ 抽样，并按公式（1）计算抽样量；种苗基数在 1 000 株以上（含 1 000 株）时，按公式（2）计算抽样量。具体计算公式如下：

$$y_1 = y_2 \times 10\% \quad\cdots\cdots\cdots\cdots\cdots\cdots\cdots (1)$$

式中：y_1 为种苗基数在 999 株以下的抽样量，单位为株；y_2 为种苗基数，单位为株。

y_1 和 y_2 保留整数。抽样结果记录入附录 A 规定的表 A.1 中。

$$y_3 = 100 + (y_2 - 999) \times 2\% \quad\cdots\cdots\cdots\cdots (2)$$

式中：y_3 为种苗基数在 1 000 株以上的抽样量，单位为株。

y_2 和 y_3 保留整数。抽样结果记录入附录 A 规定的表 A.1 中。

4.2　纯度检验

将种苗样品按附录 B 逐株目测检验，根据指定品种的主要特征确定指定品种的种苗株数。品种纯度按公式（3）计算：

$$p_0 = \frac{p_1}{y} \times 100 \quad\cdots\cdots\cdots\cdots\cdots\cdots\cdots (3)$$

式中：p_0 为品种纯度，用百分数（％）表示；p_1 为样品中指定品种株数，单位为株；y 为种苗抽样量，单位为株；p_0 保留一位小数，p_1 和 y 保留整数。检验结果记录入附录 C 规定的表

C.1 中。

4.3　外观检验

种苗外观、容器和营养土的完整程度用目测法检验；容器直径、高度用卷尺测量。

4.4　疫情检验

按中华人民共和国国务院《植物检疫条例》和中华人民共和国农业部《植物检疫条例实施细则（农业部分）》和 GB 15569 的有关规定进行。

4.5　分级检验

4.5.1　种苗高度

测量营养土面至种苗最高顶芽的垂直距离（精确至 1 cm）。

4.5.2　抽梢长度

测量接穗上抽生的最长梢自基部至顶芽的距离（精确至 1 cm）。

4.5.3　抽梢粗度

用游标卡尺测量接穗上抽生的最长梢基部以上 3 cm 处的直径（精确至 0.1 cm）。

4.5.4　分枝数量

观察接穗上抽生的各级老熟枝梢的数量。

4.5.5　嫁接口高度

测量营养土面至种苗嫁接口顶部的距离（精确至 1 cm）。

检验结果记录入附录 A 规定的表 A.1 中。

5　检验规则

5.1　组批

凡同一品种、同一等级、同一批种苗可作为一个检验批次。种苗质量检验限于种苗出圃时在种苗装运地或苗圃地进行。

5.2　检验

种苗质量由供需双方共同委托种子种苗质量检验技术部门或该部门授权的其他单位检验，并由该检验技术部门签发附录 C 规定的"澳洲坚果种苗质量检验证明书"。

5.3　判定规则

5.3.1　如达不到 3.1 中的某一项要求，则判该批种苗为不合格。

5.3.2　同一批检验的 1 级种苗中，允许有 5％ 的种苗低于 1 级苗标准，但应达到 2 级苗标准，超过此范围，则判该批种苗为 2 级苗。同一批检验的 2 级种苗中，允许有 5％ 的种苗低于 2 级苗标准，超过此范围，则判该批种苗为不合格种苗。

5.4　复检

若对检验结果有异议，允许复检一次，也可由有关各方协商确定复检合格的条件，复检结果为最终结果。如疫情检验不合格，则不准许复检。

6　包装、标识、运输和贮存

6.1　包装

容器规格：1 级苗的容器直径≥18 cm、高度≥30 cm，2 级苗的容器直径≥10 cm、高度≥25 cm；种苗至少应在容器中培育 2 个月以上，长出新根，出圃前露天炼苗 7 ～ 10 d；如包装容器严重破损而土团完好，则重新用新容器包装并用绳子"十"字形交叉绑牢，即可出圃；如包装容器严重破损，土团松散，应重新用新容器包装填土，并用绳子"十"字形交叉绑牢，放置荫棚假植，待植株长出新根方可出圃。

6.2　标识

种苗销售或运输时应附有种苗质量检验证书和标签。种苗质量检验证书格式参见附录 C，标签格式参见附录 D；标签项目栏内用不脱色的记录笔填写。

6.3　运输

种苗应按不同品种、级别分别装载，及时运输。运输过程应保持一定湿度，应遮阴挡风，防日晒、雨淋及风干。

6.4　贮存

种苗运送到目的地后，应及时卸载；按不同品种、级别分别摆放，及时淋水防旱，并均匀喷洒一次杀菌剂，及时定植或假植。

附录 A
（资料性附录）
澳洲坚果种苗质量检验记录

表 A.1 给出了澳洲坚果种苗质量检验记录表。

表 A.1 澳洲坚果种苗质量检验记录表

育苗单位：

购苗单位： NO：_____

报检情况	报检品种			实际出圃合格苗总株数		
	报检总株数（株）					
检验结果	抽检样品总株数（株）					
	品种纯度（%）					
	级别	1级	2级	1~2级苗合计		
	样品中各级别种苗的株数（株）					
	样品中各级别种苗株数占种苗总株数的百分率					

	样株号	种苗高度（cm）	抽梢长度（cm）	抽梢粗度（cm）	分枝数量（条）	嫁接口高度（cm）	初评级别	备注
检验记录								

审核人（签字） 校核人（签字） 检验人（签字）

检验日期： 年 月 日

附录 B
（资料性附录）
澳洲坚果部分品种特征

B. 1　H2（Hinde）

树冠疏朗，中等直立，分枝长且健壮；三叶轮生；叶短而宽，倒卵形，叶端圆，叶基较窄，叶柄短至中等，叶全缘呈波浪形，极少刺或无刺，较老的叶片叶缘反卷叶片和着生小枝成锐角。

B. 2　OC（Own Choice）

灌木形，树冠密集，树形开张；枝条小而多，扭曲；三叶轮生，叶片小，叶全缘或波浪形，刺极少，叶端圆形且比叶基宽，叶端两边叶缘反卷，叶片扭曲，叶片与着生小枝成锐角。

B. 3　246（Keauhou）

树冠圆形至阔圆形，树形开张；分枝多，且向下部弯曲，枝条细小至中等大；三叶轮生，叶片顶部钝、常上卷，叶缘波浪形，刺中等多，叶片常扭曲，叶片与着生小枝几乎成直角。

B. 4　344（Kau）

树冠圆锥形，树形直立，枝条粗壮，分枝少，三叶轮生，叶片长椭圆形，叶缘扭曲少刺，叶顶部上卷。

B. 5　788（Pahala）

树冠圆形，树形分散；枝条直立，分枝长且健壮；三叶轮生，叶大且较长，波浪形，叶缘反卷，叶尖有少量刺。

B. 6　695（Beaumont）

树冠中等直立；分枝长而健壮，新梢紫红色；叶披针形，叶尖为急尖，叶缘刺多且大，叶片两面的叶脉、侧脉和大量的细网脉明显可见。花序粉红色。

B. 7　922澳洲坚果

树冠圆形、树形较开张，长势中等；枝梢较软，分枝较少；新梢绿色；三叶轮生，叶片倒卵形，嫩叶淡绿色，老叶暗绿色，叶缘反卷、呈波浪形、刺较少，叶顶呈圆形，叶背叶脉清晰。

附录 C
（资料性附录）
澳洲坚果种苗质量检验证书

表 C.1 给出了澳洲坚果种苗质量检验证书。

表 C.1　澳洲坚果种苗质量检验证书

签证日期：　　　年　　月　　日　　　　　　　　　　NO：＿＿＿＿＿

育苗单位			
购苗单位			
种苗品种		种苗类型	
出圃株数			
检验结果	1 级苗（株）	2 级苗（株）	品种纯度（％）

证书有效期　　　年　　月　　日至　　　　　　年　　月　　日

检验意见：

检验单位（章）

年　　月　　日

注：本证书一式三份，育苗单位、购苗单位、检验单位各执一份

审核人（签字）　　　　　　校核人（签字）　　　　　　检验人（签字）

附录 D
（资料性附录）
澳洲坚果种苗标签

澳洲坚果种苗标签见图 D.1。

单位：cm

正面

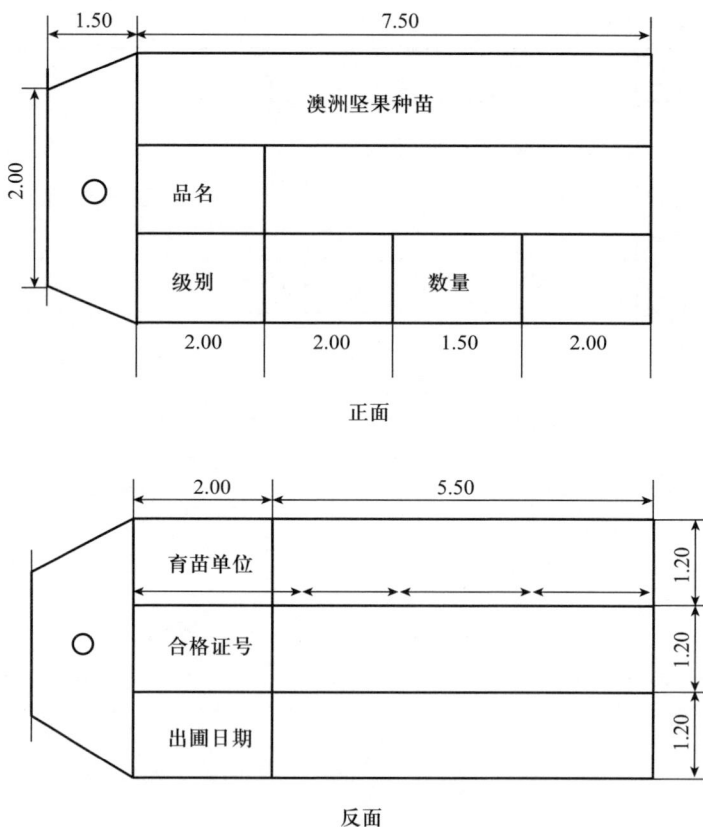

反面

注：标签用材为厚度约0.3 mm的白色聚乙烯塑料薄片或牛皮纸。

图 D.1　澳洲坚果种苗标签

附录 3 澳洲坚果 果仁（NY/T 693—2003）

1 范围

本标准规定了澳洲坚果（*Macadamia* spp.）食用果仁的术语和定义、要求、试验方法、检验规则、包装、标志、贮藏和运输。

本标准适用于澳洲坚果各个品种的果仁。

2 规范性引用文件

下列文件中的条款通过本标准的引用而成为本标准的条款。凡是注日期的引用文件，其随后所有的修改单（不包括勘误的内容）或修订版均不适用于本标准，然而，鼓励根据本标准达成协议的各方研究是否可使用这些文件和最新版本。凡是不注日期的引用文件，其最新版本适用于本标准。

GB 4789.2 食品卫生微生物学检验 菌落总数测定

GB 4789.3 食品卫生微生物学检验 大肠菌群测定

GB 4789.4 食品卫生微生物学检验 沙门氏菌检验

GB 4789.5 食品卫生微生物学检验 志贺氏菌检验

GB 4789.10 食品卫生微生物学检验 金黄色葡萄球菌检验

GB 4789.11 食品卫生微生物学检验 溶血性链球菌检验

GB/T 5009.3 食品中水分的测定方法

GB/T 5009.12 食品中铅的测定方法

GB/T 5009.15 食品中镉的测定方法

GB/T 5009.17 食品中汞的测定方法

GB/T 5009.20 食品中有机磷农药残留量的测定方法

GB/T 5009.22 食品中黄曲霉毒素 B_1 的测定方法

GB/T 5009.37 食用植物油卫生标准的分析方法

GB/T 5009.38 蔬菜、水果卫生标准的分析方法

GB/T 5492 粮食、油料检验 色泽、气味、口味鉴定法

GB/T 5494　粮食、油料检验　杂质　不完善粒检验法

GB/T 5512　粮食、油料检验　粗脂肪的测定方法

GB/T 6005　试验筛　金属丝纺织网、穿孔板和电成型薄板筛孔的基本尺寸

GB/T 6543　瓦楞纸箱

GB 7718　食品标签通用标准

GB/T 8979　纯氮

GB 9683　复合食品包装袋卫生标准

GB 10621　食品添加剂　液体二氧化碳（石灰窑法和合成氨法）

GB/T 17331　食品中有机磷和氨基甲酸酯类农药多种残留量的测定

GB/T 17332　食品中有机氯和拟除虫菊酯农药多种残留的测定

GB/T 18010—1999　腰果仁　规格

3　术语和定义

下列术语和定义适用于本标准。

3.1　整仁 whole kernel

果仁没有被切开或分开，果仁轮廓没有明显受损且缺失部分不超过整仁的1/4。

3.2　半仁 half kernel

整仁的一半，其轮廓没有明显受损且缺失部分不超过半仁的1/4。

3.3　杂质 extraneous material

指异物和筛下物。

3.3.1　异物 foreign material

指砂石、土块、虫体、果壳以及其他非果仁物质。

3.3.2　筛下物 undersize

0～5级果仁中，指通过直径2.4 mm圆孔筛的物质；6～8级果仁中，指通过直径1.6 mm圆孔筛的物质。

3.4　色泽正常 normal colour

指果仁加工后颜色符合典型的成熟澳洲坚果仁的特征，果仁表

面无色斑或色环。

3.5　色泽基本正常 reasonably normal colour

指果仁加工后颜色基本符合典型的成熟澳洲坚果仁的特征，果仁表面基本无色斑或色环。

3.6　风味正常 normal flavour and odour

指果仁加工后有成熟澳洲坚果仁特有的风味或气味，无苦味、酸败及其他异味。

3.7　风味基本正常 reasonably normal flavour and odour

指果仁加工后有成熟澳洲坚果仁特有的风味或气味，基本无苦味、酸败及其他异味。

3.8　口感正常 normal crisps

指果仁加工后成熟澳洲坚果仁的酥脆程度正常。无硬、韧、软及其他异质的口感。

3.9　口感基本正常 reasonably normal crisps

指果仁加工后成熟澳洲坚果仁的酥脆程度基本正常。基本无硬、韧、软及其他异质的口感。

3.10　缺陷 defect

存在果壳碎片、虫蛀、色斑、皱缩、黑心、霉变等或其他影响果仁外观、口感的情况。

3.10.1　轻微缺陷 minor defect

指轻微影响果仁外观及口感的缺陷。

注：单一果仁存在下列一种或多种缺陷的情况均视为轻微缺陷。

3.10.1.1　粘壳果仁　粘在果仁上的果壳碎片轻微影响果仁外观或口感；或果仁粘有任何一边长≥0.8 mm 的果壳碎片；

3.10.1.2　虫蛀　果仁有一直径≥2.4 mm 的虫疤；或果仁表面在直径 12.7 mm 范围内有两个或多个虫疤；

3.10.1.3　色斑　斑点或色环轻微影响果仁外观；或果仁有直径≥2.4 mm 的浅色斑点；或果仁有任何一边长≥3.2 mm 的浅色斑点；

3.10.1.4　皱缩　果仁表面轻微皱缩且轻微影响果仁外观；

3.10.1.5　黑心　果仁中心轻微变色或变暗。

3.10.2 严重缺陷 serious defect

指明显影响果仁外观及口感的缺陷。

注：单一果仁存在下列一种或多种缺陷的情况均视为严重缺陷。

3.10.2.1 粘壳果仁 粘在果仁上的果壳碎片明显影响果仁外观或口感；或果仁粘有直径≥1.6 mm 或有任一边长≥2.4 mm 的果壳碎片；

3.10.2.2 虫蛀 果仁有直径≥3.2 mm，≤12.7 mm 的虫疤群；

3.10.2.3 色斑 斑点或色环明显影响果仁外观；或果仁有直径≥1.6 mm、≤12.7 mm 的深棕色或黑色斑点群；或果仁有直径≥4.8 mm、≤12.7 mm 的斑点群或红棕色环围绕的斑点群；

3.10.2.4 皱缩 果仁表面明显皱缩且明显影响外观；

3.10.2.5 黑心 果仁中心明显变色或变黑；

3.10.2.6 霉变 果仁表面生霉变质。

4 要求

4.1 分级指标

分级指标应符合表 1 规定。

表 1 澳洲坚果果仁分级指标

级别	名称/英文名	规格	感官要求	
			A 类	B 类
0	特级整仁/ super wholes	整仁率≥95%， 果仁直径≥20 mm	色泽、风味和口感都正常，无活的虫体存在，无严重缺陷果仁，允许不合格果仁（缺陷果仁、杂质、异味果仁及低一等级果仁）≤5.0%，其中杂质≤0.5%（异物≤0.1%）、异味果仁≤0.1%、轻微缺陷果仁≤2.0%（虫蛀果仁≤0.1%）	色泽、风味和口感都基本正常，无活的虫体存在，允许不合格果仁（缺陷果仁、杂质、异味果仁及低一等级果仁）≤8.0%，其中杂质≤1.0%（异物≤0.2%）、异味果仁≤0.2%、缺陷果仁≤5.0%（虫蛀果仁≤0.2%）
1	整仁/ wholes	整仁率≥95%， 果仁直径≥17 mm		
2	小整仁/ small wholes	整仁率≥90%， 果仁直径≥13 mm		

（续）

级别	名称/英文名	规　格	感官要求	
			A 类	B 类
3	整仁及半仁/ wholes and halves	整仁率≥50％，其余为半仁及大半仁，果仁直径≥13 mm		
4	混合仁/ mix	整仁率≥15％，其余为半仁及大半仁，果仁直径≥13 mm	允许轻微缺陷果仁中有不超过 0.5％的粘壳果仁，其余与"整仁"的要求相同	允许缺陷果仁中有不超过 1.0％的粘壳果仁，其余与"整仁"的要求相同
5	半仁/ halves and pieces	半仁率≥80％，果仁直径≥10 mm		
6	大碎仁/ large diced	果仁破开为两片或两片以上，果仁直径≥6 mm		
7	碎仁/ chips	果仁碎片小于大碎仁，果仁直径≥3 mm	与"半仁"的要求相同	与"半仁"的要求相同
8	小碎仁/ fines	果仁碎片直径≥1.6 mm，<3 mm		

4.2　理化指标

理化指标应符合表 2 的规定。

表 2　澳洲坚果果仁理化指标

项　　目		指　　标
含水量［％（m/m）］　　　≤		1.5
脂肪含量［％（m/m）］≥	A 类	72
	B 类	66

4.3　卫生指标

卫生指标应符合表 3 规定。

表 3　澳洲坚果果仁卫生指标

项　　目		指　　标
酸价（mg/kg）	≤	4
过氧化值（meq/kg）	≤	6
黄曲霉毒素 B$_1$（μg/kg）	≤	2
菌落总数（个/g）	出厂　≤	750
	销售　≤	1 000
大肠菌群（MPN/100 g）	≤	30
致病菌（系指肠道致病菌及致病性球菌）		不得检出
杀扑磷（mg/kg）	≤	0.01
敌百虫（mg/kg）	≤	0.1
多菌灵（mg/kg）	≤	0.5
氰戊菊酯（mg/kg）	≤	0.2
汞（Hg，mg/kg）	≤	0.01
铅（Pb，mg/kg）	≤	0.2
镉（Cr，mg/kg）	≤	0.03

5　试验方法

5.1　等级检验

5.1.1　规格

按表 1 的要求将样品过筛，筛的规格要求应符合 GB/T 6005 的规定，如有低一等级的果仁，用感量为 0.1 g 天平称量，计算其占样品总量的百分率。对 0～5 级果仁还应将样品放于清洁的白色瓷盘上分拣出整仁及半仁并称量，各单项的百分率按公式（1）计算，结果保留一位小数。

$$X = \frac{m_1}{m_0} \times 100 \quad \cdots\cdots\cdots\cdots\cdots\cdots\cdots\cdots\cdots\cdots\cdots\cdots\cdots\cdots\cdots \quad (1)$$

式中：X 为低一等级果仁、整仁或半仁百分率，单位%；m_1

为低一等级果仁、整仁或半仁的质量，单位 g；m_0 为检验样品质量，单位 g。

5.1.2　感官

杂质、缺陷果仁按 GB/T 5494 规定执行。

色泽、口感和异味果仁按 GB/T 5492 规定执行。

缺陷果仁、杂质、异味果仁、低一等级果仁百分率之和即不合格果仁率。

5.2　理化指标检验

5.2.1　含水量

按 GB/T 5009.3 规定执行。

5.2.2　脂肪含量

按 GB/T 5512 规定执行。

5.3　卫生指标检验

5.3.1　酸价、过氧化值

按 GB/T 5009.37 规定执行。

5.3.2　黄曲霉毒素 B_1

按 GB/T 5009.22 规定执行。

5.3.3　微生物

按 GB 4789.2—5 及 GB 4789.10—11 规定执行。

5.3.4　杀扑磷

按 GB/T 17331 规定执行。

5.3.5　敌百虫

按 GB/T 5009.20 规定执行。

5.3.6　多菌灵

按 GB/T 5009.38 规定执行。

5.3.7　氰戊菊酯

按 GB/T 17332 规定执行。

5.3.8　汞

按 GB/T 5009.17 规定执行。

5.3.9　铅

按 GB/T 5009.12 规定执行。

5.3.10 镉

按 GB/T 5009.15 规定执行。

6 检验规则

6.1 检验项目

检验附录 3 第 4 小节的全部项目以及包装、标志、贮藏。

6.2 组批

凡同品种、同等级、同一批收购的澳洲坚果果仁可作为一个检验批次。

6.3 抽样

按 GB/T 18010—1999 中第 5 章规定进行。

6.4 判定规则

6.4.1 凡卫生指标中一项不合格者，判为不合格产品，并且不得复检。

6.4.2 凡包装材料不符合卫生要求，判为不合格产品，并且不得复检。

6.4.3 无标志或有标志但缺"等级"内容，判为未分级产品。

6.5 复检规则

除卫生指标及包装材料外，如果对检验结果产生异议，允许采用备用样品（如条件允许，可再抽一次样）复检一次，复检结果为最终结果。

7 包装、标志、贮藏和运输

7.1 包装

各等级的澳洲坚果果仁应用新的、干净的并符合 GB/T 6543 规定的纸箱为外包装；应用新的、干净的并符合 GB 9683 规定的复合食品包装袋为内包装。可充入符合 GB 10621 规定的二氧化碳或 GB/T 8979 的氮气，或真空包装。

7.2 标志

按 GB 7718 规定执行。

7.3　贮藏

澳洲坚果果仁产品贮藏库应通风、干燥，气温不应超过 30 ℃，堆垛应留有通道，产品堆放应至少远离贮藏库墙 25 cm，地面应有至少 10 cm 以上的防潮垫。产品贮藏期不应超过 18 个月。

7.4　运输

运输工具应清洁卫生、防雨，严禁与有毒、有害和有异味的物品混装运，应小心装卸运输。

附录 4　澳洲坚果栽培技术规程
（NY/T 2809—2015）

1　范围

本标准规定了园地选择与规划、品种选择、种植、土肥水管理、整形修剪、花果管理、病虫鼠害防治、防灾减灾措施和果实采收等澳洲坚果生产技术。

本标准适用于澳洲坚果的种植及生产。

2　规范性引用文件

下列文件对于本文件的应用是必不可少的。凡是注日期的引用文件，仅所注日期的版本适用于本文件。凡是不注日期的引用文件，其最新版本（包括所有的修改单）适用于本文件。

NY/T 454　澳洲坚果　种苗

NY/T 1521　澳洲坚果　带壳果

NY 5023　无公害食品　热带水果产地环境条件

3　园地选择与规划

3.1　园地选择

3.1.1　气候条件

宜在年平均气温 19～23 ℃，绝对低温在 0 ℃以上，年降水量在 1 000 mm 以上地区种植。不宜在平均风力≥9 级，阵风达 11 级地区种植。

3.1.2　土壤条件

土层深度在 50 cm 以上，大于 100 cm 更好，排水性较好。不宜在低洼地种植。土壤 pH 4.5～6.5，最适宜 pH 5.0～5.5。

3.1.3　地势地形

适宜在平地、缓坡地及坡度≤25°的山地种植。

3.1.4　海拔高度

宜建在海拔 800 m 以下区域，如果温度、湿度、光照适合，也可建在海拔 800～1 400 m 的区域。

3.1.5　环境条件

园地环境条件应符合 NY 5023 的规定。

3.2　园地规划

平地和 5°以下的缓坡地，栽植行南北向；5°～25°的山地，栽植行沿等高线开垦。配备必要的园内作业与运输道路、排灌设施和建筑物。有风害地区，应营造防风林。

4　品种选择

品种的选择应以区域化和良种化为基础，结合当地自然条件，选择适宜本地的优良品种种植。各产区澳洲坚果推荐种植品种见附录 A。

5　种植

5.1　整地

平地和坡度在 5°以下的缓坡地，栽植行南北向；坡度 5°～25°的山地，栽植行沿等高线开垦。挖长深宽 80 cm×80 cm×80 cm 的栽植穴，穴底填 20 cm 左右的作物秸秆。挖出的表土与足量有机肥混匀，回填穴中，回土约高于地面 20 cm，并覆上一层表土保墒。

5.2　栽植密度

栽植适宜密度为株距 4～5 m，行距 5～6 m，直立型品种宜密植，开张型品种宜疏植。

5.3　品种配置

不宜单一品种种植，果园宜采用 3～5 个品种混合种植。

5.4　苗木的选择

按 NY/T 454 标准执行。

5.5　栽植时间

根据当地的气候条件确定定植时间，宜于雨季进行。有灌溉条件的果园旱季也可种植。

5.6　栽植技术

在栽植穴内挖种植坑，坑的深度略深于营养袋的高度。种植时除去苗木的营养袋，扶正苗木，纵横成行，填土适当压紧。填土完毕在树苗周围起直径 80～100 cm 的树盘，淋足定根水后盖草保湿。

5.7　定植后管理

定植后应及时修复定植盘，平整梯田，用草料或塑料地膜覆盖定植盘，利于保水和防止植盘杂草的滋生，覆盖物应离主干10 cm；在风害地区，可给幼树附加抗风支架，防止倒伏。

定植后视天气情况及时淋水或注意排涝，确保植株成活。定植成活后及时解除嫁接苗接口处的薄膜，抹除砧木萌生芽，扶正歪倒的苗木。

6　土肥水管理

6.1　土壤管理

6.1.1　深翻改土

幼树栽植后，从定植穴外缘开始，每年秋季结合秋施基肥向外深翻扩展 60～80 cm。土壤回填时混以有机肥，表土放在底层，底土放在上层。

6.1.2　种植绿肥和行间生草

行间提倡间作绿肥或豆科短期作物，每年秋季通过翻压、覆盖和沤制等方法将其转化为果园有机肥以利保水、保土和改善果园生态。

6.1.3　中耕除草与覆盖

在没有间种的清耕区内，保持树盘土壤疏松无杂草，中耕深度5～10 cm。提倡树盘覆盖作物秸秆或草料，覆盖物厚 10～20 cm，或用塑料地膜覆盖，覆盖物应离主干 10 cm。

6.2　施肥

澳洲坚果幼树期、结果期树分别参照附录 B、附录 C 执行。

6.3　水分管理

6.3.1　灌水

根据土壤墒情而定。展叶期、春梢迅速生长期、开花期、果实迅速膨大期等及时灌水，水源缺乏的果园应用作物秸秆覆盖树盘保墒。有条件的果园可采用滴灌、渗灌、微喷等节水灌溉措施。

6.3.2　排水

当果园出现积水时，要及时排水。

7　整形修剪

7.1　幼树期

定植成活后在幼树主干离地约 80 cm 处打顶，注意抹除砧木上的萌芽。1～3 年树以培养树冠为主，当新梢长 30～40 cm 时进行摘心，促其分枝。对密集的树冠进行冬季修剪，疏去交叉、重叠枝、徒长枝、枯枝及病虫为害枝。

7.2　初果期

结合冬季修剪除去黏留在结果枝上的果柄轴，疏去交叉重叠枝、徒长枝、枯枝及病虫危害枝，使树冠保持通风透光。

7.3　盛果期

除去影响作业的树冠低位枝，结合冬季修剪除去黏留在结果枝上的果柄轴、疏去交叉重叠枝、徒长枝、枯枝及病虫为害枝。树冠密集时，在顶部开天窗，进行适当回缩修剪，抑制顶端优势，促进多分枝，对长势弱的树也可进行回缩更新复壮。

8　花果管理

8.1　授粉

一般条件下以自然授粉为主，有条件的果园可放养蜜蜂促进授粉。

8.2　保花保果

在花穗抽出至开花前喷施一次含 0.2% 硼酸的叶面肥，以提高花的质量。花谢后，及时追施肥一次，以氮、磷、钾复合肥为主，适当增施氮肥。

9　病虫鼠害防治

9.1　主要病虫鼠害
9.1.1　主要病害
澳洲坚果主要病害有斑点病、炭疽病、花疫病。
9.1.2　主要虫害
澳洲坚果主要虫害有蓟马、蚜虫、光亮缘蝽、褐缘蝽、蛀果螟。
9.1.3　鼠害
在果实生长周期内时有鼠害发生，鼠类会在地面或树上咬穿果皮及果壳取食果仁，注意防除。
9.2　防治原则
积极贯彻"预防为主，综合防治"的植保方针，提倡生物防治，根据预测预报和病虫害的发生规律进行综合防治。
9.3　防治措施
澳洲坚果主要病虫鼠害防治措施参见附录 D、附录 E、附录 F。

10　防灾减灾措施

10.1　防冻害
注意气象台低温霜冻天气预报。加强果园管理，减轻冻害。如结合冬季清园，对树盘进行覆盖，涂白树干；在冻害发生的前一天灌水保温，用塑料袋包裹树冠，在果园进行熏烟。
10.2　防风害
选择风害较少或无台风为害地区种植，必要时营造防风林带；选用抗风品种种植。加强栽培管理，在树旁设支撑柱；台风季节来临前，对树冠进行适当修剪。

风害发生后的处理方法：有积水的果园及时开沟排水；扶树修枝；防病、追肥。风害后对果园进行杀菌处理，如用 450 g/L 咪鲜胺乳油 300～500 mg/kg 加 0.1%～0.5%磷酸二氢钾加 0.2%尿素进行叶面喷施，每隔 7 d 左右喷 1 次，连喷 3 次，待树势恢复后，再土施腐熟的人畜粪尿、饼肥或尿素，促发新根。

10.3 防火

澳洲坚果叶片含油量高，易发生火灾。在果园四周应设立防火警示标志，结合冬季清园工作，及时将果园枯草、枯枝清除干净。

11 果实采收

11.1 采果前准备

果实成熟脱落前 1~2 周必须先清除果园杂草、枯枝落叶和其他障碍物。平整树冠下的地面，填补洞穴，清理排水沟。

11.2 采收与分检

坚果落地后，采用手工或者机械收果，视地面潮湿程度，每隔 1~2 周收果一次。在机械脱皮前，必须进行分拣，把碎石、枯枝落叶和果实分离，以便机械脱皮操作。

11.3 脱皮与干燥

果实采收后应在 24 h 内脱皮，如果不能在 24 h 内完成脱皮，应把带皮果存在通风干燥的室内摊晾，不宜在阳光下直接曝晒。去皮后的带壳果必须尽量清除杂质、果皮碎片、病虫受害果、发芽果、裂果（细小的裂缝除外）等。

带壳果按 NY/T 1521《澳洲坚果 带壳果》进行大小规格和等级分类。分类后的带壳果要尽快进行干燥，可自然风干或者人工干燥。

自然风干：摊晾在室内钢丝风干架上，不宜在阳光下直接曝晒，摊放厚度不应超过 10 cm，每天翻晾 2 次以上，约 1 个月后果仁含水量降至 10% 左右，可供短期贮藏。

人工干燥：将带壳果置于干燥箱或干燥生产线上分别干燥。一般如下程序：32 ℃(5~7 d) →38 ℃(1~2 d) →44 ℃(1~2 d) →50 ℃(一直干燥到所要求的果仁含水量为止)。干燥的壳果壳内果仁含水量应≤3%。

附录 A
（资料性附录）
各产区澳洲坚果推荐种植品种

表 A.1　各产区澳洲坚果推荐种植品种

产区	品种
云南	OC（Own Choice）、344（Kau）、294（Purvis）、246（Keauhou）、922、H2（Hinde）、900
广西	OC（Own choice）、922、695（Beaumont）、900、788（Pahala）、桂热1号、南亚1号、南亚2号
广东	H2（Hinde）、OC（Own choice）、922、695（Beaumont）、344（Kau）、788（Pahala）、南亚1号、南亚2号、南亚3号、南亚12
贵州、四川	H2（Hinde）、OC（Own Choice）、344（Kau）、788（Pahala）

注：品种排名不分先后。

附录 B
（资料性附录）
澳洲坚果幼树施肥量推荐表

表 B.1　澳洲坚果幼树施肥量推荐表

树龄（年）		1	2	3	4
促梢肥（g/株·次）	尿素	40	50	75	100
壮梢肥（g/株·次）	复合肥（N：P：K＝13：2：13）	30	40	50	75
	氯化钾	20	20	30	50

（续）

树龄（年）		1	2	3	4
铺肥 （kg/株·次）	猪粪		7.5	15	15
	饼肥		0.25	0.50	0.75
	石灰		0.15	0.15	0.15
压青 （kg/株·次）	绿肥		25	25	25
	猪粪		7.5	15	15
	饼肥		0.50	0.75	1
	石灰		0.25	0.25	0.25

注：促梢肥在枝梢萌芽前一周至植株有少量枝梢萌芽期间施；壮梢肥在新梢长到 10 cm至新梢基部叶片由淡绿变为深绿期间施；铺肥在春季生长高峰来临前进行；压青在7～8月进行。

附录 C
（资料性附录）
澳洲坚果结果树年施肥量推荐表

表 C.1　澳洲坚果结果树年施肥量推荐表

树龄 （年）	氮磷钾复合肥 （kg/株·年）	有机肥 （kg/株·年）
5	3	20
6	4	25
7	4.5	30
8	5	35
9	5.5	40
10	6	50

注：第10年后各年参照第10年施肥量。结果树一年施3次，4月上旬、7月上中旬施复合肥、冬季施1次有机肥，分别施全年施肥量的30％和40％，不同地区施肥时间根据气候条件略有不同。结果较多的年份应适当增加施肥量。

附录 D

（资料性附录）

澳洲坚果主要病害及其防治措施表

表 D.1 澳洲坚果主要病害及其防治措施表

病害名称	为害部位	药剂防治		其他防治
		推荐使用种类与浓度	方法	
斑点病	果壳	50%戊唑醇悬浮剂10 000~14 000倍；或250 g/L苯醚甲环唑乳油8 000~12 000倍。	幼果期喷药，每月1次，连喷3次	选用抗病品种；果壳作为肥料应充分腐熟
炭疽病	幼苗叶片果实果柄	250 g/L苯醚甲环唑乳油8 000~12 000倍；50%多菌灵可湿性粉剂 800~1 000倍液；	幼苗定期喷洒，结果期定期喷洒	保持果园清洁，及时除草排水，果壳作为肥料须充分腐熟
花疫病	花序	50%多菌灵可湿性粉剂800~1 000倍液；	花期喷洒	合理种植，果园不宜过于密闭

附录 E

（资料性附录）

澳洲坚果主要虫害及其防治方法

表 E.1 澳洲坚果主要虫害及其防治方法

虫害名称	为害部位	药剂防治		其他防治
		推荐使用种类与浓度	方法	
蓟马	刺吸花、嫩梢、嫩叶汁液	2.5%多杀霉素悬浮剂1 000~1 500倍；或22.4%螺虫乙酯悬浮剂4 000~5 000倍；或25%亚胺硫磷乳油600~1 000倍	流行季节喷洒花、嫩梢、嫩枝	经常清园，防除杂草，减少栖息场所

（续）

虫害名称	为害部位	药剂防治		其他防治
		推荐使用种类与浓度	方法	
蚜虫	嫩梢、花穗幼果，刺吸其汁液	2.5%高效氯氟氰菊酯乳油 1 000～2 000 倍；或 22.4% 螺虫乙酯悬浮剂 4 000～5 000 倍	喷洒嫩梢、花穗、幼果	
光亮缘蝽褐缘蝽	成虫，若虫刺吸果仁汁液	20%氰戊菊酯乳油 2 000～4 000 倍；或 90% 敌百虫可溶性粉剂 600～800 倍液	结果期内喷洒果实	
蛀果螟	幼虫在果实中钻洞，取食果仁	20%氰戊菊酯乳油 2 000～4 000 倍；或 90% 敌百虫可溶性粉剂 600～800 倍液	为害期喷洒果实，每隔 10～15 d 喷 1 次	

附录 F
（资料性附录）
澳洲坚果鼠害及其综合防治表

表 F.1　澳洲坚果鼠害及其综合防治表

危害特点	防治技术		其他防治 农业防治
	农业防治	物理机械防治	
在地面或树上咬穿果皮及果壳取食果仁，果实生长周期内均可为害	清除果园周围杂草，枯枝叶及其他杂物，避免老鼠窝藏，结果期采用塑料薄膜包裹地面以上 0.3～0.5 m 的树干部分，避免老鼠爬树	根据鼠类生活习性，采取堵塞鼠洞，运用鼠笼、鼠夹、竹筒鼠吊及电子捕鼠器等捕捉老鼠	清除果园周围杂草，枯枝叶及其他杂物，避免老鼠窝藏，结果期采用塑料薄膜包裹地面以上 0.3～0.5 m 的树干部分，避免老鼠爬树

参 考 文 献

敖茂宏，宋智琴，罗晓青，等，2009. 澳洲坚果中微量元素的测定 [J]. 贵州农业科学，37（7）：162-163.

曹春武，彭秀，陈端，2002. 澳洲坚果栽培管理技术 [J]. 重庆林业科技，64（3）：31-33.

曾辉，陆超忠，张汉周，2003. 澳洲坚果优良单株研究初报 [J]. 中国南方果树，32（4）：48-49.

曾辉，2002. 新世纪的保健干果——澳洲坚果 [J]. 植物杂志（1）：22-23.

曾辉，张汉周，2002. H2（Hinde）澳洲坚果的引种试种 [J]. 中国南方果树，31（1）：36

陈丽兰，2002. 澳洲坚果抽梢物候期观测初报 [J]. 热带农业科技，25（3）：39-40.

陈显国，2000. 澳洲坚果 8 个品种产量及品质研究初报 [J]. 农业研究与应用（2）：9-10.

陈显国，周少霞，2000. 澳洲坚果星天牛的危害规律及其防治 [J]. 农业研究与应用（3）：17-18.

陈作泉，李仍然，胡继胜，等，1995. 澳洲坚果引种试种初报 [J]. 热带作物学报，16（2）：75-76.

邓维，张柏福，康勇，等，2003. 澳洲坚果扦插繁殖试验 [J]. 重庆林业科技（3）：39-42.

杜建斌，2005. 澳洲坚果山龙眼根发育及其生理效应研究 [D]. 西南农业大学.

杜丽清，邹明宏，曾辉，等，2010. 澳洲坚果果仁营养成分分析 [J]. 营养学报，32（1）：95-96.

方志华，1998. 澳洲坚果试种初报 [J]. 云南热作科技，21（3）：14-15.

冯伟业，王春田，2004. 澳洲坚果新品种（系）区域性比较试验初报 [J]. 广西热带农业，90（1）：1-4.

郜海燕，华颖，陶菲，等，2011. 富含不饱和脂肪酸食品加工过程中的组分变化研究与展望 [J]. 中国食品学报，11 (9)：134-143.

何铣杨，赵大宣，2004. 澳洲坚果优良株系桂研一号选育初报 [J]. 广西热带农业，92 (3)：1-3.

贺熙勇，倪书邦，2008. 世界澳洲坚果种质资源与育种概况 [J]. 中国南方果树，37 (2)：34-38.

贺熙勇，倪书邦，2002. 一些澳洲坚果品种在云南的早期表现 [J]. 云南热作科技，25 (3)：1-8.

贺熙勇，陶亮，柳觐，等，2015. 我国澳洲坚果产业概况及发展趋势 [J]. 热带农业科技，38 (3)：12-19.

贺熙勇，陶亮，刘觐，等，2015. 世界澳洲坚果产业概况及发展趋势 [J]. 中国南方果树，44 (4)：151-155.

黄家翰，朱德明，1997. 澳洲坚果加工综述 [J]. 热带作物机械化 (2)：1-4.

黄锦媛，2003. 澳洲坚果1号，2号引种简报 [J]. 中国南方果树，32 (2)：37.

黄克昌，2003. 澳洲坚果果仁不同含水量破壳效果初步试验 [J]. 热带农业科技，26 (2)：42-43.

黄艳，2014. 澳大利亚澳洲坚果产业改变商业模式以满足中国顾客的特别需求 [J]. 世界热带农业信息 (5)：10-11.

纪开萍，2001. 云南澳洲坚果苗木的常见病害及其防治 [J]. 云南热作科技，24 (3)：43-44.

蒋建国，李晓林，2000. 澳洲坚果抗寒性研究 [J]. 西南农业大学学报，22 (4)：294-297.

蒋建国，李晓林，2000. 山龙眼根对澳洲坚果生长的影响 [J]. 中国南方果树，29 (6)：27-29.

蒋建国，1998. 澳洲坚果品种概况 [J]. 中国南方果树，28 (3)：32.

静玮，苏子鹏，林丽静，2016. 澳洲坚果焙烤过程中挥发性成分的特征分析 [J]. 热带作物学报，37 (6)：1224-1231.

黎先进，曾平安，2000. 澳洲坚果育苗技术试验研究 [J]. 经济林研究，18 (4)：24-25，30.

黎先进，曾平安，2001. 澳洲坚果幼树年生长规律研究 [J]. 经济林研究，19 (3)：24-25.

李国华，岳海，庞育文，等，2009. 西双版纳地区引种的澳洲坚果抗寒性 [J]. 热带作物学报，30 (6)：730-734.

李加智，蔡志英，2003. 云南澳洲坚果病害 [J]. 热带农业科技，26 (2)：

11 -15.

李文华, 2000. 幼龄澳洲坚果树的修枝整形 [J]. 云南热作科技, 23 (2)：
36 -37.

李文华, 2000. 阵性大风对幼龄期澳洲坚果的影响初报 [J]. 云南热作科技,
24 (4)：43 - 44.

李玉萍, 1998. 国外澳洲坚果研究若干近况 [J]. 热带作物科技 (5)：29 - 30.

林文有, 1994. 澳洲坚果病害综述 [J]. 热带作物研究 (2)：73 - 78.

林有兴, 2001. 世界澳洲坚果生产与消费现状 [J]. 云南热作科技, 24 (1)：
31 - 34.

刘建福, 陈长吉, 林松柏, 等, 2002. 澳洲坚果对营养胁迫的生理响应研究
[J]. 西南农业学报, 15 (3)：90 - 93.

刘建福, 陈长吉, 2002. 水分逆境对澳洲坚果育性的影响 [J]. 中国南方果
树, 31 (3)：34 - 35.

刘建福, 黄莉, 2005. 澳洲坚果的营养价值及其开发利用 [J]. 中国食物与营
养 (2)：25 - 26.

刘建福, 蒋建国, 李道高, 2001. 澳洲坚果优质丰产栽培技术 [J]. 中国南方
果树, 30 (6)：30 - 31.

刘建福, 倪书邦, 2003. 澳洲坚果水肥效应研究 [J]. 中国南方果树, 32
(5)：27 - 29.

刘建福, 倪书邦, 2003. 空气湿度对澳洲坚果开花坐果和果实生长的影响
[J]. 热带农业科技, 26 (1)：1 - 4.

刘建福, 倪书邦, 2001. 矿质营养与植物生长调节剂对澳洲坚果花粉生活力
的影响 [J]. 云南热作科技, 24 (2)：1 - 4.

刘建福, 2002. 激素和微量元素对澳洲坚果花粉活力的影响 [J]. 广西园艺,
41 (2)：4 - 6.

刘觐, 陈丽兰, 倪书邦, 等, 2017. 喷施乙烯利对 'HAES900' 澳洲坚果果
实脱落和品质的影响 [J]. 热带作物学报, 38 (2)：194 - 198.

刘晓, 陈建, 曾平安, 2002. 澳洲坚果商业性栽培品种在樊西地区生长结果
性研究 [J]. 中国南方果树, 31 (4)：45 - 46.

刘晓, 陈建, 2002. 澳洲坚果在我国栽培与发展中存在的几个重要问题 [J].
中国南方果树, 31 (3)：36 - 38.

刘晓, 陈健, 1999. 澳洲坚果的起源, 栽培史及国内外发展现状 [J]. 西南园
艺, 27 (2)：18 - 20.

陆超忠, 曾辉, 肖邦森, 等, 2003. 澳洲坚果扦插繁殖技术在生产中的应用

[J]. 热带作物学报, 24 (1): 41-47.

陆超忠, 曾辉, 2004. 澳洲坚果品种适应性研究 [J]. 果树学报, 21 (1): 82-84.

陆超忠, 曾辉, 2000. 澳洲坚果主要引起品种产量和品质的研究 [J]. 热带作物学报, 21 (2): 42-49.

陆超忠, 陈作泉, 罗萍, 1998. 广东沿海地区澳洲坚果风害调查研究 [J]. 果树科学, 15 (2): 164-171.

陆超忠, 何前伟, 1997. 澳洲坚果根系在土壤中的生长, 分布调查 [J]. 云南热作科技, 20 (2): 12-16.

陆超忠, 肖邦森, 孙光明, 等, 2000. 澳洲坚果优质高效栽培技术 [M]. 北京: 中国农业出版社.

莫善文, 1999. 世界澳洲坚果业之现状与前景 [J]. 云南热带作物科技, 22 (2): 26-30.

南澳洲坚果产业调研组, 2007. 云南省澳洲坚果产业发展现状、存在问题及建议 [J]. 热带农业科技, 30 (1): 10-14.

倪书邦, 刘建福, 李道高, 等, 2002. 澳洲坚果花期水分胁迫效应的研究 [J]. 西南农业大学学报, 24 (1): 34-37.

欧珍贵, 周正邦, 2006. 澳洲坚果在贵州南亚热带的区域适应性分析 [J]. 贵州农业科学, 34 (1): 66-67.

丘华兴, 1995. 中国山龙眼属植物二新种 [J]. 广西植物, 15 (2): 110-111.

孙光明, 1999. 澳大利亚的澳洲坚果业 [J]. 世界农业, 246 (10): 41-42.

陶丽, 倪书邦, 2004. 遮阴对澳洲坚果树干日灼、生长及坐果的影响 [J]. 热带农业科技, 27 (2): 7-9.

徐维, 2003. 澳洲坚果栽培技术 [J]. 云南农业 (7): 6-7.

徐晓玲, 徐奕言, 彭雪清, 等, 1996. 国内澳洲坚果叶片营养诊断中几个基本问题的研究 [J]. 广西热作科技 (3): 1-6.

徐晓玲, 徐奕言, 彭雪清, 1996. 澳洲坚果果实发育过程中养分变化规律的探讨 [J]. 云南热作科技. 19 (3): 19-21.

许惠珊, 李仍然, 赵俊林, 等, 1995. 澳洲坚果果实生长发育及落果的探讨 [J]. 热带作物学报, 16 (2), 78-83.

杨彪, 1997. 澳洲坚果在云南热区的开发前景 [J]. 云南林业调查规划设计 (4): 44-46.

杨为海, 王维, 曾辉, 等, 2011. 澳洲坚果不同种质果实数量性状的研究 [J]. 热带作物学报, (08): 1434-1438.

杨为海，张明楷，邹明宏，等，2016. 澳洲坚果不同种质果仁矿质元素含量分析 [J]. 中国粮油学报，31（12）：158-162.

杨庄，李文华，穆洪军，2004. 西双版纳热带山区澳洲坚果种植技术 [J]. 热带农业科技，27（1）：40-44.

杨庄，李文华，2004. 西双版纳热区山地澳洲坚果种植技术 [J]. 热带农业科技，27（1）：40-43.

张恰仙，2000. 世界澳洲坚果现状 [J]. 世界热带农业信息（2）：1-3.

张中义，冷怀琼，张志铭，等，1986. 植物病原真菌学 [M]. 成都：四川科学技术出版社.

中国热带农业科学院，2014. 中国热带作物产业可持续发展研究 [M]. 北京：科学出版社.

中国热带作物学会热带园艺专业委员会，中国热带农业科学院南亚热带作物研究所，2000. 南方优稀果树栽培技术 [M]. 北京：中国农业出版社.

邹明宏，曾辉，杜丽清，等，2009. WGD-2叶面肥与植物生长调节剂对澳洲坚果的保果效应 [J]. 果树学报，26（1）：98-102.

ALex Banks，1995. 北莫尔顿地区六个澳洲坚果主要商业品种的形态特征及其鉴别 [J]. 陆超忠，译. 云南热作科技，18（4）：40-43.

Nagao M A，1993. 澳洲坚果病虫害防治 [J]. 林文有，译. 广西热作科技（3）：52-55.

Stephenson R A，1997. 环境，营养和水分对澳洲坚果产量和品质的影响 [J]. 陆超忠，译. 云南热作科技，20（4）：46.

Strzelecki K K，1997. 澳洲坚果主要生产国家的坚果生产概况 [J]. 倪书邦，译. 云南热作科技，20（3）：45-46.

Australian Maradamia Society. 2015. Australian macadamia crop on track for 47 000 tonnes in-shell [EB/OL]. http：//www. australian-macadamias. org/industry/site/industry/industry-page/media-centre/media-releases-industry.

Australian Maradamia Society. Domestic production and prices [EB/OL]. http：//www. australian-macadamias. org/industry/item/600-issue-five.

Beristain C I，Garcia H S，Azuara E，1996. Enthalpy-Entropy Compensation in Food Vapor Adsorption [J]. Journal of Food Engineering，30（3）：405-415.

Boning C R，2006. Florida's Best Fruiting Plants：Native and Exotic Trees，Shrubs，and Vines [M]. Florida：Pineapple Press.

Cavaletto C G，Ross E，Yaammamoto H Y，1966. Factors affecting macadamia nut stability: raw kernels [J]. Food tech (20): 106 - 111.

Curb J D, Wergowske G, Dobbs J C, et al, 2000. Serum lipid effects of high monounsaturated fat diet based on macadamia nuts [J]. Archives of Internal Medicine, 160 (8): 1154 - 1158.

Ironside D A, 1995. Insect Pests of Macadamia in Queensland [M]. Queensland: Queensland Department of Primary Industries.

Dinkelaker B, Hengeler C, Marschner H, 1995. Distribution and function of proteoid roots and other root clusters [J]. Bot Acta (108): 183 - 200.

Farmer's Bookshelf. Department of Tropical Plant &. Soil Sciences, University of Hawaii at Manoa [EB/OL]. http: //www. ctahr. hawaii. edu/fb/macada-mi/macadami. htm.

Garg M L, Blake R J, Wills R B H, 2003. Macadamia Nut Consumption Lowers Plasma Total and LDL Cholesterol Levels in Hypercholesterolemic Men [J]. The American Society for Nutritional Sciences (133): 1060 - 1063.

Shigeura G T, Ooka H, 1984. Macadamia Nuts in Hawaii: History and Production [M]. Hawaii: University of Hawaii.

Horskins K, White J, Wilson J, 1998. Habitat usage of Rattus rattus in Australian macadamia orchard systems: implications for management [J]. Crop Protection, 17 (4): 359 - 364.

Horskins K, Wilson J, 1999. Cost - effectiveness of habitat manipulation as a method of rodent control in Australian macadamia orchards [J]. Crop Protection, 18 (6): 379 - 387.

International Nut and Dried Fruit Council. Macadamia. http: //www. nutfruit. org/en/macadamia _ 7461.

International Nut and Dried Fruit Council. Nuts and Dried Fruits Global Statistical Review 2008 - 2013. http: //www. nutfruit. org/global - statistical - review - 2008 - 2013 _ 85959. pdf.

International Nut and Dried Fruit Council. Nuts and Dried Fruits Global Statistical Review 2014 - 2015. http: //www. nutfruit. org/global - statistical - review - 2014 - 2015 _ 101779 [1]. pdf.

John B, Kim Y, Patrick S, 2010. Compositional analysis and roasting behavior of gevuina and Macadamia nuts [J]. International Journal of Food Science and Technology, 45 (1): 81 - 86.

Johnson J F, Allan D L, Vance C P, et al, 1996. Root carbon dioxide fixation by phosphorus – deficient Lupinus albus. Contribution to organic acid exudation by proteoid roots [J]. Plant Physiol (112): 9 – 30.

Johnson J F, Allan D L, Vance C P, 1994. Phosphorus stressinduced proteoid roots show altered metabolism in Lupinus albus [J]. Plant Physiol (104): 657 – 665.

Jump up Christine Allen (October 2001) . Treacherous Treats – Macadamia Nuts (PDF) . Veterinary Technician. Retrieved January 15, 2014.

Quinlan K, Wilk P. Macadamia culture in NSW [EB/OL]. http: //www. agric. nsw. gov. au/reader/nuts – berries/macadamia – primefact – 5. pdf? MIvalObj ＝26023&doctype＝document&MItypeObj.

Kaijser A, Dutta P, Savage G, 2000. Oxidative stability and lipid composition of macadamia nuts grown in New Zealand [J]. Food Chemistry, 71 (1): 67 –70.

Keerthisinghe G, Hocking P J, Ryan P R, et al, 1998. Effect of phosphorus supply on the formation and function of proteoid roots of white lupin (Lupinus albus L.) [J]. Plant Cell Environ (21): 467 – 478.

Laemmli U K, 1970. Cleavage of structural proteins during the assembly of the head of bacteriophage T4 [J]. Nature, (227): 680 – 685.

Macadamia Power Pty, 1982. Macadamia Power in a Nutshell [J]. Macadamia Power Pty Limited: 13.

Macadamia, 2013. Australian Plant Name Index (APNI), Integrated Botanical Information System (IBIS) database (listing by wildcard matching of all taxa relevant to Australia) [DB]. Centre for Plant Biodiversity Research Australian Gorernment, 04 – 26, http: //www. anbg. gov. au/cpbr/data bases/apni-introduction. html.

Maguire L S, O' Sulllivan S M, Galvin K, et al, 2004. Fatty acid profile, tocopherol, squalene and phytoaterol content of walnuts, alnonds, peanuts, hazelnuts and Macadamia nut [J]. International Journal of Food Sciences and Nutrition, 5 (3): 171 – 178.

Maiden J H, 1889. The Useful Native Plants of Australia [M]. Sydney: Turner and Henderson.

Mast A R, Willis C L, Jones E H, et al, 2008. A smaller Macadamia from a more vagile tribe: inference of phylogenetic relationships, divergence times, and diaspore evolution in Macadamia and relatives (tribe Macadamieae; Proteaceae) [J]. American Journal of Botany, 95 (7): 843 – 870.

Mavis A, 1997. Review of the Health Benefits of Macadamia Nuts [M]. New South Wales: Horticultural Research and Development Corporation.

McConachie I, 1980. The Macadamia Story (PDF) [J]. California Macadamia Society Yearbook (26): 41 – 47.

Moodley R, Kindness A, Jonnalagadda S B, 2007. Elemental composition and chemical characteristics of five edible nuts (almond, Brazil, pecan, macadamia and walnut) consumed in Southern African [J]. Journal of Environmental Science and Health Part B, 42 (5): 585 – 591.

Nock C J, Baten A, King G J, 2014. Complete chloroplast genome of Macadamia integrifolia confirms the position of the Gondwanan early – diverging eudicot family Proteaceae [J]. BMC Genomics, 15 (suppl 9): S13.

Paul O, Ross L, Lan S, 1996. Growing Macadamias in Australia [M]. Queensland: Department of Primary Industries.

Peter B, 1984. The Macadamia A Nut With a Future [J]. Ausbralia Horticulture (11), 11 – 12.

Stephenson R A, Lagadec D L, Fayden L M, et al, 2006. Horticulture Australia Ltd Final Report (31 December 2006) MC 00014 Regional Macadamia Variety Trials – Series 2 [R]. Horticultural Australia Ltd: 90 – 96.

Stephenson R A, Trochoulias T, Baigent D R, 1995. Effect of Environment Nutrition and Water on Production and Quality of Macadamia [R]. Final Report of HRDC Project No. MC015, QDPI, Australia.

Richard A, Hamilton, Philip J. Iton, 1984. Macadamia Nut Cultivars Recommended for Hawaii. Hawaii Institute of Tropical Agriculture and Human Resources [M]. Hawaii: University of Hawaii.

Richard G, 2012. European Market – for the long haul [N]. International Macadamia Symposium Proceedings, 2012 – 9 – 18.

Hamilton R A, Ito P J, Chia C L, 1983. Macadamia: Hawaii's Desert Nut [M]. Honolulu: University of Hawaii.

Rieger M, 2007. Introduction to Fruit Crops [J]. Ciencia E Investigacin Agraria, 2007, 21 (1): 53.

Saleeb W F, Yermanos D M, Huszar C K, et al, 1973. The oil and protein in nuts of Macadamia tetraphylla L. Johnson, Macadamia integrifolia Maiden and Betche, and their F1 Hybrid [J]. J. Am. Soc. Hort. Sci, 98 (5):

453 -456.

SAMAC. Avocado, Litchi, Mango and Macadamia plantings in South Africa Verified census [EB/OL]. http: //www. samac. org. za/docs/Subtrop-TreeCensus. pdf.

SAMAC. Nature's Perfect Omega - 7 [EB/OL]. http: //www. samac. org. za/index. php/omega - 7.

Sandra Wagner - Wrigh, 1995. History of the macadamia nut industry in Hawaii, 1881 - 1981 [M]. New York: E. Mellen Press.

Robert S, 2012. Macadamia Nuts [Z]. Hawaiian Historical Society.

Shigeura G T, Ooka H, 1984. Macadamia Nuts in Hawaii: History and Production [M]. Hawaii: Hawaii Institute of Tropical Agriculture and Human Resources.

Skene K R, 1998. Cluster roots: some ecological considerations [J]. Journal of Ecology (86): 1062 - 1066.

Skene K R, 2001. Cluster Roots: Model Experimental Tools for Key Biological Problems. Journal of Experimental Botany (52): 479 - 485.

Skene K R, 2000. Pattern Formation in Cluster Roots: Some Developmental and Evolutionary Considerations [J]. Annals of Botany (85): 901 - 908.

Tobin M E, Koehler A E, Sugihara R T, 1997. Effects of simulated rat damage on yields of macadamia trees [J]. Crop Protection, 16 (3): 203 - 208.

Tobin M E, Sugihara R T, Koehler, A E, 1997. Bait placement and acceptance by rats in macadamia orchards [J]. Crop Protection, 16 (6): 507 -510.

USDA. Hawaii Macadamia Nuts [EB/OL]. http: //quickstats. nass. usda. gov/results/037A22E9 - E7A6 - 3BDF - 9774 - 2B651F594634? pivot = short _ desc.

Storey W B, 1965. The Ternifolia Group of Macadamia Species [J]. Pacific Science, 19.

Wallace H M, Vithanage V, Exley E M, 1996. The Effect of Supplementary Pollination on Nut Set of Macadamia (Proteaceae) [J]. Annals of Botany, 78 (6): 765 - 773.

Ward D, Tucker N, Wilson J, 2003. Cost - effectiveness of revegetating degraded riparian habitats adjacent to macadamia orchards in reducing rodent damage [J]. Crop Protection, 22 (7): 935 - 940.

Watt M, Evans J R, 1999. Proteoid Proteoid Roots. Physiology and Development [J]. Plant Physiology (121): 317 - 323.

White J, Wilson J, Horskins K, 1997. The role of adjacent habitats in rodent damage levels in Australian macadamia orchard systems [J]. Crop Protection, 16 (8): 727 - 732.

White J, Horskins K, Wilson J, 1998. The control of rodent damage in Australian macadamia orchards by manipulation of adjacent non - crop habitats [J]. Crop Protection, 17 (4): 353 - 357.